怪奇人體研究所

42 個充滿問號的人體科學故事

SME

——著——

人類基因中天生存在兩種渴望

一個是下海

一個是上天

下海，是對生命源點的尋蹤

上天，則是對未來的渴求

我們未被賦予翅膀和鰓

於是，科學帶我們翱翔天際，深潛海底

一起 Dizzy In Science

目錄

第二篇——怪誕的腦科學
大腦的「正確打開方式」

第三篇——神祕的人體
萬萬沒想到的人體冷知識

第四篇──古怪的心理
聊聊心裡那點事兒

推薦序——10 秒鐘教室

　　沒想到這麼快又要看到 SME 的新作上市了！

　　記得去年（2020 年）被邀請推薦他們的新書《怪奇科學研究所》時，就覺得這本書也太有趣了吧，好多主題都是我自己相當有興趣的，那時我心中就默默想一定還會有續作，只是沒想到第二本《怪奇人體研究所》來得這麼快（驚）！畢竟出過三本書的我，完全可以理解出書是多麼累人及傷神的一件事啊～

　　這次的新作主題鎖定在人類，分成了人體、進化、大腦及心理這 4 個部分。我自己覺得作者最厲害的就是能找出有趣且具有教育性質的知識分享給大家，就像我一樣（喂）。書中提到為何男性脆弱的睪丸會懸掛在體外，其實我自己小時候就思考過這個問題，沒想到多年後會在這本書中找到解答。此外也提到了科技所帶來的大眩暈所造成的原因，也是我自己親身經歷的，讀起來特別感同身受。但為了不劇透太多，我就點到為止，不說太多內容跟細節啦！

　　書中最後一個部分，是最能引起我共鳴的心理學主題。前陣子也為了自己的新書《趣味心理學原來是神隊友》閱讀大量相關的書籍資料（偷偷打起書來），明白要將艱澀的內容用簡短有趣的方式呈現是非常不容易的。而作者在這個部分用了生動的比喻，讓讀者可以很快了解其中的原理，真的是很厲害。

　　雖然這是一本純文字的書籍，但卻不會覺得好像在念教科

書冗長乏味，從中不但能學到許多新奇的事物，也能了解更多關於我們自己的冷知識。推薦給跟我一樣喜歡各式趣味古怪知識的同學閱讀，透過這 42 個人體的科學故事來更加了解自己吧！

從猿人到智人，
總共分幾步？

第一章
為了成為「行走的表情包」，人類究竟做了多少努力？

　　喜怒哀樂，是我們每天都在呈現的表情。那麼人類的面部究竟能傳達出多少種獨特的表情呢？一項科學研究給出的答案是：至少 21 種。

　　「面帶微笑的厭惡」、「悲痛的憤怒」、「開心的驚訝」等，真不愧是「行走的表情包」。研究還指出，人類在做表情時，表現出了驚人的一致性。

　　比如在表達快樂表情時，99% 的志願者會揚起面頰肌肉，延伸嘴角。那麼，為了擁有如此豐富的表情，人臉究竟在進化的過程中做了哪些努力？其他動物的表情又是怎麼回事呢？比如狗狗的「無辜臉」真的表示內疚嗎？

　　說出來你可能不信，人臉的進化史極有可能是一部「打臉」史。

　　美國有一項對人類祖先南方古猿的研究，結果如下：

　　人臉之所以長成現在這樣，是為了減少在「被打臉」過程中所造成的傷害。像下顎、顴骨、鼻梁和眼眶骨架等容易被打的地方，都變得更加堅硬。雖說新研究還未蓋棺論定，但它也給我們研究人臉及其表情的進化提供了新思路。事實上，我們與生俱來的表情跟人臉的進化有著密切的關係。

仔細觀察，你就會發現我們和古人類最大的區別在於眉脊。沒錯，古人類那鮮明而突出的眉脊，是我們所沒有的。過去大部分觀點認為眉脊是用來穩定人類的頭骨，以此幫助人類咀嚼的。可研究發現，就算削掉眉脊也不會影響正常的咀嚼。科學家認為沒有實際功能的眉脊，具有某種社交功能——類似於其他靈長類動物，用來展現社會支配地位。或許是堅硬的眉脊沒法表達很多的意義，所以就逐漸退化了。在我們現代人看來，失去這樣的眉脊可能會讓我們看上去較為友好。與此同時，平坦、豎直的前額讓我們的眉毛變得更富有表現力。

　　我們能巧妙地移動眉毛，以此來傳達我們內心的小心思。比如雙眉上揚表示欣喜或驚訝，單眉上揚表示不理解或者疑問，眉毛下拉則代表有點兒小生氣，皺起眉頭更多是不同意的意思，等等。那麼你有沒有想過，「愛現」的眉毛究竟有什麼用處呢？

　　過去人們認為，它可以防止水和細微的碎屑進入眼睛。可你有沒有發現，那些眉毛稀疏，甚至沒有眉毛的人也未受到影響。最近的研究發現，眉毛的作用是用來傳達表情的。現代人能擁有社交所需的龐大表情系統，很大程度上是眉毛的功勞。

　　其實大約在 20 萬年前，人類才進化出了靈活的眉毛。

　　那個時候，人類社會正處於重大的變革中。其中最主要的是，沒有親緣關係的人類群體開始合作了。我們的祖先不再局限於血緣之間的合作，而開始了與非家族成員的協同合作。此時，人類祖先開始透過眉毛表達出更多的情緒，尤其是友好。這幫助我們的祖先在競爭殘酷的原始社會中更能存活下來。

　　如今我們現代人傳情表意很多都在眉毛的小動作裡。喜上

眉梢、眉飛色舞、眉開眼笑、低眉順眼、愁眉苦臉等都展示著你的情緒和狀態。除了眉毛，人類獨有的眼白也為我們表情系統的發展做出了巨大的貢獻。別以為眼白只是人類拿來翻白眼用的，它可大有用途。

　　眼白也叫作「鞏膜」，是眼球表面包裹著的一層不透明的纖維狀保護層。不光人類，很多動物也有鞏膜這一構造。與人類不同的是，動物的鞏膜一般很難被發現。在自然界中，視線是一個很重要的資訊。比如，對於大多數猴子來說，四目相對其實是發起攻擊的前兆。但如果看不出來對方是否在盯著自己，就無法預判危險是否要來臨。因此，鞏膜和眼睛本身的顏色應該相近，以此避免因暴露視線而遭到攻擊。就連狗、大象、馬也有部分白色的鞏膜，但大多時候都被它們隱藏起來了。

　　那麼，作為唯一擁有大面積眼白的生物，人類難道就不怕暴露自己嗎？怕歸怕，但人類很快發現了眼白的好處，並對此加以利用。原因在於，人類的非血緣協作增加後，就必須提高溝通和合作的效率。光有上文提到的眉毛是不夠的，還必須有其他表達情緒的器官。此時，失去鞏膜的色素，擁有眼白無疑是好的選擇。眼球本來就是深色的，配上雪白的鞏膜，就讓人眼的活動變得更加清晰。

　　實際上，人類眼球的轉動是由眼外肌支配的。眼外肌由眼球鞏膜上附著的六條肌肉組成，能使眼球隨意轉動。也正因如此，人類才出現了「翻白眼」、「看眼色」、「使眼色」等表達情感的動作。如此一來，同伴往哪裡看，有什麼小心思，你就能看得明白了。有了眼神的交流，我們的祖先在合作共贏上就會變得更容易。所以，不管眼球是哪些顏色，我們人類的鞏

膜都是白色的。

　　看到這裡，你已經瞭解了眉毛、眼白的作用就是產生表情了。不過，人類要想更為精準地表達意思，還必須實現整個臉部的聯動。比如全世界通用的「生氣臉」，就是皺著眉、噘著嘴、張大鼻孔、瞇著眼等。就算從沒見過發怒表情的盲童，發怒時也會做出與其他人一樣的表情。與面部肌肉組織舒展的表情相比，憤怒的表情使人看起來更加「強壯」。這似乎在告訴對方「我要反擊了」，以威懾對手。

　　又比如在神經學家杜尼・德博洛看來，發自內心的笑不光要抬起上唇，露出牙齒，還要使面頰向上隆起，讓眼周皮膚起皺。尤其應該多注意眼部活動，看是否發出標誌性的「眨眼」動作。如果一個人的眼部肌肉沒有出現任何收縮的跡象，我們很容易感受到這個笑容是假的。

　　我們在恐懼的瞬間表現為：眉梢上揚、瞳孔擴大、眼光發直、嘴張大。不難看出，由於人臉不斷地進化以及整體的聯動，我們才形成了完整的表情系統。時至今日，我們還傾向於根據這一套表情系統來判斷動物的情緒。你一定見過眉弓內側向上抬起形成的「無辜狗狗眼」。你的狗抬頭看著你，露出眼白，耳朵耷拉著垂在腦後，舌頭舔著空氣，露出不知所措、委屈的表情，你下意識地以為它是因為做錯了事而內疚。

　　然而 2009 年的一項研究發現，狗狗表現出「內疚」的表情其實是在表達它們的恐懼。這種「委屈臉」大多出現在它們被主人責罵的時候。

　　至於狗狗是否有內疚這種情緒，科學上還沒有足夠的證據給予肯定。但以後如果它露出了「委屈臉」，請記得它那是在

害怕。因為它可能記住了你呵斥時的動作、表情和語氣。

既然狗狗不會內疚，那它們是真的在衝著我們笑嗎？嘴巴張開，嘴脣向後咧著，有時舌頭伸在外面，狗狗的笑容真是燦爛而可愛。很抱歉，目前也沒有證據顯示，狗會像人類一樣，用這個表情表達自己的快樂。不只是狗，很多動物的行為我們都會用人類的習性來解釋。比如背對著你坐著的貓並非嫌棄你，可能只是它不想盯著你而已。

看來，人類為了成為「行走的表情包」，還充分發揮了「腦補」的能力。誰還能想起，當初人類的面部曾經如面具一樣地生硬。經過了上百萬年的演化，我們能擁有傳達出 20 餘種不同表情的能力。恐怕數位時代再多的表情包，也沒人類面對面的表情來得生動吧。

參考資料：

◎ AFP. Furrowed Eyebrows Helped Modern Humans Evolve: Seeker[EB/OL].
[2018-04-10]. https:// www.seeker.com/archaeology/furrowed-eyebrows-helped-
modern- humans-evolve.

◎ SPIKINS P. The evolutionary advantage of having eyebrows: The conversation[EB/
OL].[2018-04-10]. https://theconversation.com/the-evolutionary-advantage-of-
having-eyebrows-94599.

◎ 艾克曼 . 情緒的解析 [M]. 海南：南海出版公司 , 2008.

◎ 達爾文 . 關於人以及動物表情 [M]. 浜中浜太郎 , 譯 . 東京：岩波文庫出版社 , 1931.

第二章
動物都有固定發情期，
為什麼人類卻一年 365 天都在發情？

「春天來了，萬物復甦，又到了動物們交配的季節。」

趙忠祥老師在《動物世界》中告訴我們，幾乎所有雌性動物都有一個固定的性慾衝動期。在生理上，雌性動物的乳房、生殖器官會腫脹，身體散發特殊氣味等。它們不但會接受雄性的求偶，還會故意做出各種撩人的姿態，吸引異性。

這正是我們常說的「發春」，也叫發情期。而在其他時間裡，雌性動物都是幾乎不接受交配的。不過，動物「發春」並不一定要在春天。動物發情期的選擇主要取決於什麼時候交配，更有利於下一代的繁育。綜合考慮妊娠或孵蛋所需的時間，它們會選擇最適宜的時機發情，以提高後代的存活率。

而如何判斷發情時機，需要外部環境提供訊號。氣溫、光照時長、食物等合適的外部條件，都可能會促使雌性進入排卵週期。例如，一隻年輕的雌性野貓*需要大約 12 個小時的日光，才能觸發它的發情期。

貓的孕期很短，只有兩個月。而這也意味著，在野外的

---

* 只有在野外生存的貓咪才會有固定的發情期，因為家養寵物貓在室內光照下可以隨時發情。

貓很少在冬天懷孕。畢竟天寒地凍下，幼貓夭折的機率是極高的，任哪隻母貓都不希望白忙一場。於是春天一到，野外母貓便開始集體叫春，同時迎來一股「幼貓潮」。另外，如果動物的孕期較長，它們就會選擇在秋冬發情，例如斑馬、牛羚、山羊、綿羊等。

回到正題上，人類的發情期又怎麼說？嚴格來說，人類女性並沒有明顯的發情期。一方面女性在排卵期和非排卵期，都會產生性慾和發生性行為，不會產生明顯的性慾波動。另外，別說男性無法察覺女性的發情的特徵了，就連女性自己，也感受不到自身慾望的變化。

雖說，人類也確實存在著生育高峰期。例如中國 1989 年的一份研究顯示，1946 到 1981 年裡，嬰兒集中出生在 10 月，其次是 11 月和 12 月。將時間軸往前推 10 個月，中國婦女們集中懷孕的時間也就集中在了春天。那麼，這會是人類發情期的線索嗎？

很遺憾，生育高峰期與想像中還是稍有區別的。綜合其他統計可以發現，不同地區的生育高峰期有著很大的區別。透過對 130 多個國家和地區的大量資料分析，科學家發現了一個終極規律。那就是在重大文化慶祝節日的時候，人們的性慾往往會達到頂峰。因為，這些節日總是伴隨著假期。大家都可以卸下工作的重擔，終於有空辦正事了。

例如，在中國，春節長假期間懷孕的人數最多。而在美國，聖誕是最長的假期，對應的懷孕率也是最高的。反正只要一有空，人類就要開始造人，於是才會在 10 個月後出現一股「嬰兒潮」。所以換種說法，人類這種生物一年 365 天，天天

都在發情期。那麼問題來了，人類女性為什麼失去了明顯的發情期呢？

其實，這也叫作「隱藏排卵期」（Concealed ovulation）。不過，從其他動物的角度看來，人類隱藏排卵期確實是一件非常搞笑的事情。我們現在可以看到，許多備孕的女性都需要用體溫計、外加掰著手指頭才能勉強計算出排卵期和安全期。而且，這些方法準確率還不高。所以，這也被戲稱為「薛丁格的排卵期計算法」——不到懷上的那一刻，都不知道自己算準了沒。

於是，我們總能看到一大堆女性備孕失敗的同時，也總有一大堆女性避孕失敗。而要想更準確地知道女性是否處於排卵期，還得去醫院照個彩色超音波檢測排卵，極其麻煩。

但反觀其他動物，有清晰的發情期特徵指導，繁衍後代就非常方便了。對雄性動物來說，能準確識別雌性的排卵期可謂頭等大事。因為只有抓準了雌性的排卵期，才能讓自己的基因更加高效地遺傳下去。而在交配這件事上，除了人之外的雌性動物都是非常配合的。只要一排卵，絕大多數雌性動物都會立即表現出各種發情期特徵。

這也讓動物們交配以及受孕的成功率大大提高。它們基本上可以做到「一擊命中」，根本不需要浪費這麼多心思去備孕。不過，作為人類，也不用為此傷神。畢竟從基因延續的角度看來，兩性不但是合作關係，還存在著各種明爭暗鬥。人類女性選擇了隱藏排卵期，反而是一種更聰明的繁殖策略。

而這，還需要從漫長的兩性之爭說起。

在不考慮成本的情況下，動物都希望將自己的基因傳播得

盡可能廣。而在理想的狀態下，母方出卵子、父方出精子。這種一起合作，將雙方基因延續下去的遊戲本該是公平的。但自從雌性成了下蛋或產崽主力軍的那一刻起，這場「基因延續競賽」中雄性似乎就一直處於上風。因為我們可以在自然界中看到，許多物種本身都是不存在「父方親代投資」的。

對於所有的 4000 多種哺乳動物以及 200 多種靈長目動物而言，受精和懷孕都是在雌性動物體內完成的。其中絕大多數小動物，剛出生甚至還沒出生，就猶如「喪父」。雄性只提供了精子，什麼都不用做就能獲得一個攜帶自己基因的幼崽。而雌性除了漫長的懷胎之外，還需獨自照料後代長大，耗費的精力是巨大的。

除此之外，在雌性悉心照料幼崽期間，雄性還可以繼續找其他的雌性交配，為延續自己的基因瘋狂「播種」。所以，在人類的猿類近親中，我們可以看到無論是黑猩猩，還是大猩猩，雄性都會用武力搶奪配偶。

在猿群中，一般只有首領雄性才有與其他雌性交配的權力。而這種首領雄性，體格往往也是最強壯的，擁有著最龐大的「後宮」。這也是我們常說的一夫多妻制。雄性繁殖成功的關鍵是如何壟斷更多雌性配偶，保證自己的繁殖地位。而進化早期的人類，也經歷著同樣的社會形態。

但今時不同往日了，人類社會基本已經走向了一夫一妻制。哪怕在原始狩獵、採集人群中，都有接近 80% 的家庭是屬於一夫一妻制的。那麼，我們是如何從首領獨占老婆，發展到如今一夫一妻制的？

女性隱藏排卵期，很可能是早期人類從一夫多妻制走向一

夫一妻制的關鍵。「父方親代投資」假說認為，母方隱藏排卵期能讓父方承擔起撫養後代的責任。如果雌性不再發出發情訊號，那麼雄性將無法檢測到它們排卵的準確時期。也就是説，雄性也不知道雌性究竟是否成功受孕。而這也導致了雄性的繁殖策略有所改變，從原來與多個雌性交配，變成不得不和一個雌性多次交配。

除此之外，沒有了發情期特徵的指引，雄性還將面臨一件更加苦惱的事情，那就是父系不確定。如果雌性有發情期，那麼雄性只需在雌性發情期內與其交配，並在這一時期防止雌性與其他雄性交配即可。因為發情期一過，雌性就會主動拒絕一切雄性的求愛。

但雌性失去發情期，變得隨時隨地可以交配懷孕，怎麼防止其他雄性乘虛而入就成了大問題。也就是説，雄性需要一直守在雌性身邊，才能確保孩子是自己親生的。而有了雄性的陪伴，雌性也不再是獨自撫養後代了，「父方親代投資」加入。要知道相對其他哺乳類動物，人類嬰兒並沒有那麼好養活。

具有重要意義的直立行走，使雌性的產道變得更窄了，因而很容易發生難產。於是在自然選擇的壓力下，人類嬰兒幾乎都成了「早產兒」，嬰兒死亡率極高。所以，女性就不得不花更多的時間和精力照顧孩子。而在亞馬遜雨林原始部落得到的結果是，死了父親的嬰兒的死亡率非常高。如果多了父方的照看，嬰兒的存活率自然會大大提升。

儘管嬰兒的死亡對父方和母方來説都是一種打擊，但這種打擊對母方來説也更加致命。而在這場「繁殖競賽」裡，人類女性透過隱藏排卵期將父方鎖在自己身邊，才算扳回了一局。

所以從某種程度上來說，這很可能促成了現今人類社會的一夫一妻制。

當然，「父方親代投資」只是解釋人類隱藏排卵的一個假說。也有的學者認為，人類女性隱藏排卵是為了減少「殺嬰事件」的發生。而這個假說，則可以從倭黑猩猩身上找到一些證據。事實上，除了人類以外，靈長類中的倭黑猩猩也會隱藏排卵期。只是，雌性倭黑猩猩隱藏排卵期的方式與人類剛好相反。它們不是不顯示發情期特徵，而是長時間地顯示出發情期特徵。

在許多物種裡（特別是雄性競爭更激烈的物種），殺嬰行為是新生兒最大死因。例如，大猩猩幼崽的死因，起碼有 1/3 是雄性的殺嬰行為。大猩猩群體中的首領雄性一「登基」，就會把舊首領剛出生的後代殺掉。因為一般情況下，動物哺乳期是不發情的，分泌乳汁會使排卵受到抑制。但若孩子沒了，雌性就不用再分泌乳汁了。所以雄性大猩猩會把嗷嗷待哺的幼崽殺死，好讓雌性再次進入發情期，儘快懷上自己的孩子。

那麼，雌性該如何規避雄性這殘暴的殺嬰行為呢？

一些雌性動物採取了一種奇特的應對方式，那就是「濫交」。雌性透過與多個雄性交配，好讓雄性難以分辨哪些孩子才是自己的。而為了避免誤傷，雄性殺嬰行為便會減少。例如，雄性倭黑猩猩就是極少數不會殺嬰的靈長類動物之一。而倭黑猩猩也常被稱為「性觀念」最開放的動物，因此雄性更不易識別出哪些孩子是自己的後代。

但倭黑猩猩隱藏排卵的方式，與人類不同。儘管靈長類的排卵週期沒有什麼區別，但雌性倭黑猩猩卻更長時間地表現發

情期的特徵。而這同樣能達到隱藏排卵期的效果。它們的外陰有 50% 的時間都處於腫脹狀態。這猶如一個虛假廣告，讓雄性倭黑猩猩前仆後繼地與之交配。人類隱藏排卵期的策略被看作「淑女模式」，而倭黑猩猩的隱藏排卵策略則被看作「蕩婦模式」。

當然，上面所說的兩種理論並非互相矛盾的。

在人類進化歷程中，它們很可能都有著非常重要的作用。無論哪種模式，都是行之有效的。人類開始雙方照料嬰兒，男性也從無止境的雄性間的暴力互毆中解脫。而人類現在擁有的「美好愛情」，或許也正是源於女性邁出的這一大步。

參考資料：

◎ 瘦駝. 春天來了,「發春」還遠嗎 ?: 果殼網 [EB/OL]. [2016-02-04]. https://www.guokr.com/article/441168/.

◎ 陳瑞, 鄭毓煌. 進化的女性生理週期 : 波動的繁衍動機和行為表現. 心理學進展 [J]. 2015.

◎ Concealed ovulation：Wikipedia[DB/OL]. [2020-03-26]. https://en.wikipedia.org/wiki/ Concealed_ovulation.

◎ 戴蒙德. 性趣探祕 —— 人類性的進化 [M]. 上海：上海世紀出版集團, 2008.

第三章
至少要多少人才能延續文明？
孤島效應或許正在扼殺人類文明

　　許多科幻災難電影，都會有一個災後重建的設定。全球人類的命運，最後總會落到一小部分人的身上。他們每一個人身上，都肩負著重建整個人類文明的使命。那麼，劫後餘生最少需要多少人才能維持現有文明？

　　在《聖經》中，只需亞當、夏娃兩人，就足夠孕育後代了。但這在理論上，當然是不可行的。只需要一代人，他們就會面臨近親繁殖的難題。一級親屬間（父女、母子、同胞兄妹）的近婚係數（inbreeding coefficient）為 1/4。也就是說，他們孕育的個體，其兩個等位基因來自雙親共同祖先的機率為 25%。這種程度的近親婚配，會使後代患常染色體隱性遺傳疾病的風險激增，讓人類遲早陷入崩潰。過去為了保持血統純正而近親婚配的皇室貴族，就是前車之鑑。

　　不過，想要解決上面這些問題並不算難。

　　純生物學上的答案，是很明確的——大概只需要幾百人，就基本能保證人類基因的延續了。史特拉斯堡大學的天體物理學家弗雷德里克・馬林，就提出 98 這個最低下限人數。只需 98人的健康群體，就能有足夠的遺傳多樣性來繁殖物種並重建人口。但問題是，重建人類文明的事，可不是簡單的生物學問題。

現代人類文明的基礎是錯綜複雜的。維持醫療、電力、教育、交通、礦業等各個系統正常運轉，需要無數「螺絲釘」。只剩三位數甚至兩位數的人類，自然遠遠不夠。大家勉強生存下去尚屬不易，延續人類燦爛的文明更是奢侈。哪怕是將人口數量提到以億計算，都沒人敢拍著胸脯保證能重建當前的文明。

事實上，別說重建人類文明了，光是維持現有水準都不容易。文明並非線性的進步，事實上還有退化這一下場。在人類學研究中，就有這麼一個的名詞──塔斯馬尼亞島效應（Tasmanian effect）。在沒有外部技術輸入，且人口過低的情況下，某些地區的技術水準不但會被永遠鎖死在某一水準，甚至還會發生倒退。

塔斯馬尼亞，是南半球的一個小島。

它與澳大利亞大陸隔著兩百多公里寬的巴斯海峽，其面積是臺灣的 1.87 倍。而塔斯馬尼亞人，是地球近代史上最孤獨的族群之一。但最可怕的不是孤獨，而是封閉讓他們陷入了文明的退化。塔斯馬尼亞效應還有個別稱，叫作「塔斯馬尼亞島逆向演化」（Tasmanian devolution，其中 devolution 是 evolution 反義詞）。

發生在塔斯馬尼亞島上的幾萬年文明「逆演化」歷史，就給我們帶來了一些警示。考古證據顯示，人類第一次踏上澳大利亞大陸至少是在 6.5 萬年前。

在今天看來，澳大利亞大陸是遙不可及的大陸。但事實上，海平面在冰川期會下降。人們雖不能直接徒步到澳大利亞大陸，但可以將澳大利亞大陸與其他大陸之間的島嶼作為中繼站，透過簡單的浮筏就可以渡過。而到達澳大利亞大陸後，澳大利亞

大陸土著的祖先就穿過巴斯平原的陸橋到達塔斯馬尼亞。至少在 4.2 萬年前，塔斯馬尼亞島上就已經有人類的足跡了。那時候，塔斯馬尼亞還與澳大利亞大陸相連，兩地的人類還有聯繫。

大約在 1 萬年前，海平面的快速升起使巴斯平原變成了巴斯海峽。當時，這兩個大陸的族群都還沒有造出能橫渡巴斯海峽的水運工具。茫茫海水把塔斯馬尼亞與澳大利亞大陸的日常聯繫徹底切斷。於是，塔斯馬尼亞島的幾千人至上萬人就像完全被隔絕，孤獨地活在世界上。

從這個角度來看，塔斯馬尼亞島就是一片世外桃源，沒什麼不好的。島上豐富的物資，保證所有人豐衣足食是綽綽有餘的。但是當歐洲白人第一次登上塔斯馬尼亞島時，他們都被當地土著落後的生活驚呆了。塔斯馬尼亞人過著的竟是世界上最原始的生活。

我們會根據一些特徵來評估一個族群的文明水準，例如服裝、工具和武器的複雜性等。當時的塔斯馬尼亞人，已經失去了製作最基礎的工具的技能。就連最簡單的，將堅硬的石頭或獸骨綁在木質把手上製成斧頭或矛、箭等工具，他們都不會。

要知道，這些基礎工具，哪怕是已經從地球上消失的人屬都會製造並使用了。

不說尼安德塔人了，就是腦袋只有咱們的 1/4 大的佛羅里斯人（也叫「小矮人」）在 9 萬年前就掌握了這些技能。

而塔斯馬尼亞人，是智人。智人作為地球霸主現已登上月球，我們打造的探索裝置更是飛出了太陽系。但被孤立的塔斯馬尼亞人彷彿活在一個平行宇宙，就連最基礎的工具都不會用。如果硬要評估的話，那塔斯馬尼亞人的技術比舊石器時代

還要落後。他們最先進的武器和工具，只有木製的長矛、石頭和投擲棒罷了。

當時，已經擁有豐富殖民經驗的歐洲人，都為塔斯馬尼亞人的落後而驚訝。後來歐洲人一度認為，這是一種極其原始的族群，或處於猿類到人類之間的過渡階段。但是他們在外貌上，和我們又是如此的相似。在後續一百多年的考古發掘中，人類才揭露出了一個更驚人的事實。

在過去，塔斯馬尼亞人的技術水準，其實與澳大利亞土著是相當的。

他們一開始就擁有先進的狩獵與捕魚技術。但在隔絕的 1 萬年裡，塔斯馬尼亞人就已忘記了他們祖先們都會的大部分技術和知識。而考古線索也顯示，這些工具和技術是一步步被丟棄的。每隔一段時間，在塔斯馬尼亞人這個小群體中就會有一些技能消失。

歐洲殖民者首次見到這個族群時，他們基本上已經不會穿衣服了。但我們可以確信的是，塔斯馬尼亞人在過去是穿得很暖和的。因為在 1 萬多年前，這裡的氣候比現在要寒冷得多，島上較濕潤的部分都是長年冰封的。本來，塔斯馬尼亞人也會使用骨製工具的，如骨鉤、縫紉用的骨針等。但很可惜，這些技術到後來通通都失傳了，沒人再去縫製衣服。

所以現在的情況就變成了，塔斯馬尼亞人夏天選擇赤裸。到了冬天，他們也只是披著簡單的沙袋鼠皮，再用碎的獸皮綁緊。就算是特別寒冷的時候，他們也只是在暴露的皮膚處塗點動物油脂就了事。塔斯馬尼亞島四面環海，海產資源是十分豐富的。但考古證據卻顯示，大約在 5000 年前塔斯馬尼亞人捕

魚的頻率就開始降低了。到了 3800 年前，他們就徹底停止了捕魚這項活動。而與捕魚相關的工具，如漁網、魚叉、魚鉤等工具也隨之消失。面對眾多的海洋生物，塔斯馬尼亞人只會拾點沿海的甲殼類動物為食。

從此，他們過上了更加原始的「採集─狩獵」生活，四、五個家庭為單位地相依為命。

到西方人登上島嶼時，大約有 4000 塔斯馬尼亞人生活在島上。很難想像，他們居然能放棄營養如此豐富的魚類。有許多記錄都顯示，當塔斯馬尼亞人第一次看到歐洲人捕魚時，他們就顯露出了異常驚奇的神情。而以上所有的技術與工具，在離塔斯馬尼亞島不遠處的澳大利亞大陸上依然都在沿用。此外，澳大利亞大陸土著的技術與工具還要先進和豐富得多，讓人眼花繚亂。

不過幸好，塔斯馬尼亞人還未丟失「生火」這一最重要的技能。不然，他們連擠進舊石器時代的資格都會徹底喪失。但回過頭來看，塔斯馬尼亞人的外貌和心智與現代人都是相差無幾的。當歐洲人到來時，他們很熱切地進入了快速學習的模式，並接受了許多先進的技術。只是很可惜，他們最終還是不敵歐洲殖民者的屠殺和外來者帶來的病菌。

現在，已經不存在純種的塔斯馬尼亞人了。當時的塔斯馬尼亞人落後得太多了。在歐洲白人看來，這甚至都算不上戰爭，完全是一個高級文明對另一個低級文明的碾壓。從塔斯馬尼亞島的案例看來，世外可能並不存在桃源，反而是一場文明退化的災難。沒有人知道在塔斯馬尼亞島上具體發生了什麼，但文明就是這樣一點點丟失的。

考古學家里斯・瓊斯便形容道，這是一個「對思維進行慢性扼殺」的案例。而在人類學研究中，這種因環境封閉、人口規模太小而無法傳承現有技術與文明的現象，則被稱為「塔斯馬尼亞島效應」。

不過，塔斯馬尼亞島上的文明退化絕非孤例。20 世紀以來，科學家發現在許多獨立的島嶼上，隔一段時間就有一些技術失傳。而從化石記錄看來，地球上的人類文明失傳率是驚人的。「失落的文明」是個經久不衰的迷人概念。理論上，幾百人足夠延續人類香火。但遺失而孤立的文明，幾乎註定只有日漸退化到衰亡的結果。

我們知道，人類的認知能力表現在社會學習上，每一個人都是模仿高手。新技術是不可預測的，就集體而言，更龐大的群體產生新技術的次數會更多。這些新的技術和知識，又可以透過模仿這一行為模式散布到整個族群。所以在有限規模的社會中，就很可能存在著一個文明發展的上限。這不禁讓人聯想到，地球何嘗不是一座宇宙中的塔斯馬尼亞島。

生活在地球孤島上，人類文明或許也有一天會達到極限。

參考資料：

◎ POWELL S C. How many humans would it take to keep our species alive? One scientist's surprising answer:NBCNews[EB/OL]. [2019-08-14]. https://www.nbcnews.com/mach/science/how-many-humans-would-it-take-keep-our-species-alive-ncna900151.

◎ HENRICH J. Demography and cultural evolution: how adaptive cultural processes can produce maladaptive losses: the Tasmanian case[J]. American Antiquity, 2004.

第四章
頭骨化石失蹤的北京人，
真不是你的祖先

　　對於人類起源於非洲的說法，很多人在情感上仍無法接受。畢竟過去我們一直認為自己的祖先是「北京人」。至此，仍有不少學者認為人類是多地起源的，相互間有基因交流。但很抱歉，那個頭蓋骨失蹤的「北京人」，真不是我們的祖先。那麼，「北京人」頭骨考古挖掘研究的前後歷經了哪些辛酸的往事呢？

　　1929 年 12 月 2 日，在北京西南周口店龍骨山一帶，裴文中正有條不紊地組織龍骨山考古挖掘的收尾工作。這位身材屢弱的年輕人原本就讀於北京大學地質系。由於畢業後沒能找到工作，他就先來到周口店當臨時工。在這裡，他不卑不亢，跟著大夥兒學習考古發掘的知識。經過一年多的努力，他已經能自己獨立分辨化石了。恰逢此時，周口店的挖掘工作也碰到了堅硬的岩石。專家們覺得這裡不會有什麼進展，就都離開了。唯獨他堅持留下來帶領工人們完成最後的挖掘工作。下午 4 點，天色漸暗，寒風呼嘯，裴文中仍聚精會神地工作。突然，發掘工人們意外發現了一個黑暗的新洞穴。於是，裴文中腰間繫上繩索，帶著他們一起下到洞中考察。借著微弱的燭光，一名工人在洞穴底部的土層中挖到了圓形的硬殼。裴文中前來查

看後，大聲驚呼：「是猿人！」

　　他當即掏出撬棍，十分細心地將這塊頭蓋骨發掘出來。隨後，他將這塊頭蓋骨包裹在隨手脫下的外衣裡，並小心翼翼地抱著它離開洞穴。他連夜寫信報告，之後還用被子裹著它送到北京地質調查所。透過當時最先進的技術鑑定，確定其是距今70萬年猿人的頭骨化石。

　　這一重大的發現，讓世界為之震驚。一直以來，考古學家發現的大都是人的牙齒，從未發現相對完整的頭骨。而頭骨的發現不僅證實了猿人的存在，還給當時提供了人類歷史至少有70萬年的證據。在這之後，周口店遺址不斷有新的發現。截至1937年，那裡就一共出土了「北京人」頭蓋骨5個、面骨6件、顳骨碎片15塊、下頜骨14塊、牙齒147枚，以及大量的頭後骨化石。因此，它也是世界上內涵最豐富、材料最齊全的直立人遺址。伴隨著遺址挖掘工作的進行，我們得以瞭解數十萬年前的「北京人」的生活。

　　中學課本生動地刻畫了「北京人」的生活場景：白天，男人出門打獵，女人帶孩子採集果實；傍晚，大家帶著獵到的獵物、採到的果實回到洞中，一起點燃篝火，燒烤野物⋯⋯然而，真實的「北京人」生活真的有那麼和睦美好嗎？

　　當時，一位來自德國的考古學家魏登瑞就發現有件事特別奇怪。按理來說，人的頭骨跟四肢骨的數量比一般是1：2。但發現的所有「北京人」的化石裡，卻出現了頭骨過多，而四肢骨的數量不夠的情況。排除各種可能後，他認為這些多餘的頭骨很可能是「北京人」進行同類相食的證據。而在這些頭骨與四肢骨上，似乎遺留著取食腦髓或骨髓後的破損痕跡。

不過也有考古學家認為，這些骨頭上的痕跡正好與食肉動物的犬齒相合，可能是鬣狗啃出來的。但這並不能排除「北京人」自相殘食的可能性。因為 20 世紀 90 年代，美國學者博阿茲等人運用電子掃描鏡技術重新觀察了「北京人」的第一代頭骨模型。他們從中找到了一些人工的石器切割痕跡，破損形態與「用石片來回鋸」產生的結果相符。這也意味著這是「北京人」的活動所導致的。可見，「北京人」的生活並沒有我們想像得那麼美好。

　　至於當時的人類有沒有開始用火，考古學家則找到了相應的證據。他們發現了大量的明顯燒過的動物骨骼和灰燼層。但這並不能確定，他們是否已經學會了有意識地用火。畢竟，自主地控制用火，對人類演化是十分重要的。不管怎樣，我們能明確的是，「北京人」真不是我們現代人的祖先。

　　那我們先來看看那個長久以來的誤解是從何而來的？

　　人們普遍認為，直立人主要生活在亞洲境內，生存年代從 180 萬年前一直到 3 萬年前。從還原的圖像能看出，直立人保留了一些介乎於猿和人之間的原始特徵。比如腦袋的上窄下寬、額頭較為低平、嘴巴向前凸出等。而「北京人」作為亞洲直立人中的一支，是人類演化樹上的重要成員。有一種觀點認為，「北京人」所屬的直立人是具有地域性特徵的多態種。

　　各地區直立人之間的差異可能與當時的氣候環境造成的相對隔離有關。在地理隔離的情況下，東亞地區的直立人和非洲的直立人分別演化出了後代智人。從這個角度來看，北京直立人是中國智人的祖先。在這個基礎上，魏登瑞提出了「連續進化附帶雜交」的假說。該觀點認為，中國的古人類就是連續

進化的，並且進化出共同的特徵。比如北京猿人與現代中國人有一些共同的特徵：出現在頭骨正中央的矢狀隆起、下頜圓枕、鏟形門齒等。這也是為什麼我們多年來一直認為「北京人」是現代中國人的祖先。

直到近年來分子研究技術的出現，才改變了這個觀點。根據分子人類學的研究成果，證明現代人於 10 萬到 20 萬年前在非洲東部出現。並且至少在 6 萬年前，他們才進入東亞。

這一觀點剛出現時，當時任職於美國德克薩斯大學的科學家金力並不同意。於是，他聯合了中國的科研單位進行合作研究。在此之前，人類非洲起源說的遺傳研究關注女性粒線體。這一次，他們則著重研究男性的 Y 染色體。比如他們特別研究了染色體態形 M168。結果是所有從現代中國人身上採集到的基因樣本，都有人類在非洲時產生的突變型 M168。所以，金力也不得不承認，目前的基因證據並不支持現代中國人有獨立起源的說法。

他們認為，在 4 萬到 10 萬年前的東亞地區，很可能存在一個化石「斷層」期。也就是說，這一階段的人類遺址非常少見。4 萬到 6 萬年前源於非洲的現代人到達中國的南部，逐漸取代了當時生活在那裡的直立人種。有古生物學家認為，以「北京人」為代表的亞洲直立人只是人類演化過程中滅絕的旁支，沒有留下後代。

儘管「北京人」並不是我們的祖先，但它對研究人類早期進化有著不可磨滅的意義。透過對「北京人」的研究，我們發現他們當時的腦容量大約為 1088 毫升（現在人類為 1400 毫升），他們中有 68.2% 會在 14 歲前死亡，身高基本上在 150 到

160 公分。然而，令人遺憾的是，當時從周口店遺址中發掘出來的 5 個頭蓋骨遺失了。

追溯這段往事，實在令人悲憤不已。日本全面侵華戰爭開始後，北京很快就淪陷了。當時為了保證頭蓋骨的安全，中國決定把五個頭蓋骨送往美國保管。結果很不幸，這批頭蓋骨在運送過程中遭到了日軍的攔截。等到戰爭結束之後，這批頭蓋骨卻下落不明了。

而它們的丟失，也成了考古學史上的世界奇案之一。

有人說它們還在協和醫院的地底埋著，有人說它們已經被送到了美國，也有人說它們被日本運回了國內，又或者是日本人不知其重要性，將它們毀壞了。不管哪種說法，這批「北京人」頭蓋骨就此消失在人間。如今博物館展出的「北京人」頭蓋骨是專家根據尺寸製作的模具。值得一提的是，當時發現第一個頭蓋骨的裴文中餘生都在尋找「北京人」頭蓋骨的下落。

1966 年，裴文中在尋找了 20 年仍杳無音信後，又組織了對周口店的發掘。他最大的願望是「希望能再次從自己手中找到中國猿人的化石」。天不遂人願，這次僅發掘出了一塊額骨和一塊枕骨。這是目前僅有的少數的北京猿人頭蓋骨化石標本。

萬幸的是，關於頭蓋骨的大部分模型、照片和論文都被保存下來了。還好，科學家能透過這些資料研究「北京人」的生活，揭開遠古人種的神祕面紗。當然，也希望消失的「北京人」頭蓋骨化石未來能回到我們的手中。

參考資料：

◎ 夏軍.裴文中與北京人頭蓋骨化石 [J].中國檔案， 2014(05):76-77.

◎ 蔡曉雲.Y染色體揭示的早期人類進入東亞和東亞人群特徵形成過程 [D].上海：復旦大學，2009.

◎ 劉錚.「北京人」頭骨全球大搜索 [J].科技潮，1998(08):91-92.

◎ 張森水.從周口店早期工作看裴文中先生對史前考古學的貢獻——紀念 裴文中先生誕辰 90 週年 [J].第四紀研究,1994(04):330-338.

◎ 汪開治.現代人的線粒體 DNA 起源於非洲 [J].生物學通報，1992(05):48.

◎ 高星,彭菲,付巧妹,李鋒.中國地區現代人起源問題研究進展 [J].中國科學：地球科學,2018,48(01):30-41.

◎ 博阿茲 N T,喬昆 R L.龍骨山：冰河時代的直立人傳奇 [M].陳淳，陳虹,沈辛成譯.上海：上海辭書出版社,2011.

第五章

人類除了聰明就一無是處？
能跑死你家的狗也是一種能耐

　　人類，可以說是最喜歡挑戰極限的動物了。博爾特用 9 秒 58 完成了百米衝刺，成了地球上跑得最快的人。但說來讓人洩氣，這速度，竟還不及獵豹的 1/2。在人們的印象中，人類的運動能力在動物界基本不值一提。除了短跑比不過獵豹，人類登山還不如山羊、游泳不及魚類、爬樹不比靈長類，在力量上更是被各種動物碾壓。

　　所以人類除了聰明以外，就一無是處了？那倒未必，其實有一項運動人類就勝券在握，那便是長跑。在大家的印象中，長跑最厲害的哺乳動物就是馬了。那麼猜猜看，馬與人比賽，誰的長跑能力更強呢？

　　大約在 40 年前，英國威爾斯的一家小酒館內，人們就曾為此事爭得面紅耳赤。當時就有人認為，長距離跑步人能跑贏馬。於是酒館老闆就較真地舉辦了一場「人 VS 馬」的馬拉松大賽。結果從 1980 年直至今日，這場比賽已經持續了幾十年，還成了威爾斯的傳統。比賽賽程全長為 35 公里，參賽人與參賽騎手互為對手。

　　那麼人類究竟跑贏馬了沒？

　　2004 年 6 月，人類首次獲得了勝利，以 2 小時 5 分 19 秒

的成績擊敗所有的馬匹。2007 年，人類再次勝出。儘管馬獲勝的次數比人類獲勝的次數多得多，但回顧整個比賽歷程，其實人類與馬匹之間的成績差距並不大。平均下來，最快的馬也只比最快的人領先 10 幾分鐘。

而且需要注意的是，全長 35 公里的賽程還遠不是人類的極限。但讓馬跑這麼長距離，就很容易造成損傷了。例如在威爾斯人馬大賽中，馬匹就有專門的 15 分鐘獸醫檢查時間。說回人類，普通的馬拉松比賽全長就已達 42.195 公里了。除此之外，我們還有各種賽程長得變態的超級馬拉松。世上最長的馬拉松賽，也叫「超越自我 3100 英里跑挑戰賽」（全程約為 4345 公里）。這項超級馬拉松的標準是 51 天，算下來選手平均每天就要跑 96 公里（一般每天休息 6 小時），但參加的人還不少。其中，最快的選手只用了 40 天 9 時 6 分 21 秒便完成了賽程。也就是說，他平均每天都需要跑 106 公里，並且連跑了 41 天。

人類在速度上的劣勢，很大程度在慢速長跑的能力上被彌補回來了。所以論長跑，人類不敢說第一，也能擠進「之一」的行列。現在就有研究者認為，人類祖先就是長跑能手。而從進化的角度來說，我們不但適合長跑這項運動，長跑甚至還加速了人類的進化。這也正是「耐久奔跑假說」（Endurance running hypothesis）。

在 500 萬到 800 萬年前，我們的祖先就與黑猩猩的祖先分了家，開始在地面上活動。從那時起，人類也慢慢學會了直立行走。而考古證據顯示，大概 250 萬年前我們祖先的食譜裡就出現了大量的肉類。這表明，早期人類就已經過上狩獵生活

了。但另外的考古證據卻顯示，可投擲的石製尖長矛直到 30 萬年前才出現。而更加高級的武器，就出現得更晚了。比如弓箭，要到 5 萬年前人類才開始使用。

那麼，體能這麼差的人類祖先，究竟有什麼能耐獵殺草原上比人類更快、更壯、更大的動物？在石製尖長矛出現之前，早期人類能使用的武器都是極其粗劣的。其中最具殺傷力的，莫過削尖了的木棍。這些都是近戰武器，只能近距離使用。

所以那些肉類食物，究竟從何而來？

早期人類的狩獵生活就像是一個謎，科學家始終想像不出那是一幅怎樣的畫面。但「耐久奔跑假說」就可以為此破局。根據這一假說，早期人類主要是以耐力狩獵（Persistence hunting）的方式來獲取肉類的。所謂耐力狩獵，簡單來說就是先把獵物追到精疲力竭，然後再近身獵殺。

即便博爾特火力全開，都難以追得上草原跑得最快的獵物。但擅長耐力跑的人類祖先，卻能靠長距離奔跑把獵物跑「廢」。事實上，這種狩獵方式，現今在一些原始部落裡仍未被淘汰。例如，生活在喀拉哈里沙漠的布希族人（Bushmen）仍舊採用這種方式進行狩獵。

英國廣播公司（BBC）的紀錄片《哺乳動物的生活》（*The Life of Mammals*）中，記錄了布希族人耐力狩獵的全過程。影片中的獵人在 40℃ 的高溫下，連續幾個小時追捕大捻角羚。在烈日下長時間奔跑，那隻成年的大捻角羚最後只能四肢發抖、呼吸急促地倒下。眼巴巴地看著獵手不斷逼近，它卻再也無力回天，只能安靜等待死亡。

事實上，這種狩獵方式很常見。

除了非洲布希族人，墨西哥的原住民塔拉烏馬拉人（Tarahumara），也常常把鹿累癱再直接用手掐死。他們每天能跑 80 到 130 公里，所以也被譽為「奔跑族」。而澳大利亞北部的土著，則因對袋鼠「窮追不捨」而聞名。在沒有遠端狩獵工具的情況下，獵人們偶爾還會恢復耐力狩獵，例如西伯利亞的利科夫家族（Lykov family）。

　　不過耐力狩獵並非一股勁地蠻跑，而是十分講究技巧。獵人們會更多地選擇跑與走結合的方式來完成狩獵。獵物在危急關頭下，會以最快的速度逃跑。但這種高速的狀態，並不能維持太久。狂奔一段時間，它們就需要放慢腳步休息降溫。而當獵物停下休息時，獵人就會逐漸追上來。

　　此外，獵人只要掌握追蹤獵物的技巧，就不會讓獵物跑丟。邊追逐邊追蹤，這個過程不斷重複，獵物最終只有死路一條。當然，對於耐力狩獵，人類的身體結構也為長跑提供了巨大優勢。2004 年，哈佛大學的人類學家便發表了一篇名為〈生而能跑〉（Born to run）的論文。文中除了詳細描述了早期人類耐力狩獵的重要性以外，還列舉了一系列適應長跑的人類身體特徵。

　　首先，散熱問題幾乎是長跑最大的障礙。但我們在跑步過程中，卻很少會為過熱而煩惱。這是因為人類有著所有哺乳動物都豔羨的散熱系統——體表無毛且大量出汗。人類 1 小時最多可以排出 3 升的汗液，長跑 3 小時就會蒸發掉體重 10% 的汗水。體表大量的汗水，就像一個「水冷裝置」，可把熱量帶走。所以說，只要能夠補充水分，人類就幾乎不愁過熱的問題。

　　此外，體表無毛更是一大優勢。曾有科學家就推算過，如

果原始人有濃密毛髮覆蓋全身，那麼在 40℃的高溫下他們只需持續奔跑 10 到 20 分鐘就會中暑。而反觀大部分哺乳動物的散熱方式，就非常低效了。它們不但體毛茂密，體表汗腺亦不發達，散熱能力非常有限。在奔跑過程中，散熱效率跟不上，就會導致動物體溫急速飆升。我們回過頭看那頭被布希族人追「廢」了的大捻角羚，其實就是因為過熱倒下的。

除此之外，四腿動物主要還靠喘氣散熱，但它們卻無法在奔跑的同時透過喘氣來散熱。而人類就不一樣了，本身散熱效率就高還能邊跑邊用嘴巴呼吸。雪橇犬，可以說是最能跑的動物了，每天行進超過 100 公里。但它能跑長途也是有特定條件的，僅限於寒帶的冬季。如果將比賽地點換到赤道附近，那它們也很難完成長距離奔跑。實際上，雪橇犬在夏天的大多數時候都在休息，就是出於此因。

而人類除了散熱好以外，也有著適應長跑的各種身體結構。例如，我們就有著猿類沒有的發達頸部韌帶。這可以幫助我們在奔跑時穩定與平衡頭部。相對於其他動物，人類的腳趾趾節還短得不合常理。有研究表明，這麼短的腳趾對直立行走的用處並不大，但對長跑非常有利。光是腳趾長度增加 20%，受試者跑步的機械工作量就增加了一倍。而我們的肌腱也比猿類強壯，它就像彈簧一樣，可說明人類在邁步時儲存能量，進而大大地節省體力。再如人類有適合跑步的身體比例、利於減震的足弓、較窄的胸腔與盆骨、發達的臀肌等。以上種種，都是人類對跑步或是長跑的適應性特徵。

近年來也有研究發現，人類甚至還有「跑步高潮」這一生理機制。想必提起長跑，大家內心還是拒絕的，畢竟對體育

課體能測試的恐懼還歷歷在目。但實際上，很多有長跑經驗的人都注意到了一個現象。那就是跑的時間長了，後半段的路程就不會那麼吃力了，甚至會有飄飄然的快感。原來人類在半小時左右的有氧跑後，大腦內啡肽（內源性鴉片）的釋放就會增加。這給跑步者帶來了欣快的感覺，並對消除負面情緒有一定效果。

當然，對於「耐久奔跑假說」，也有不少反對意見。其中最主要的便是耐力狩獵的風險過高。一旦狩獵失敗，自身消耗的能量就是個巨大的損失。但無論假說在人類進化歷程中是否成立，我們至少正視了自身奔跑的潛能。

人類不單只有一個聰明腦子，還有一具適合長跑的軀體。

參考資料：

◎ Endurance running hypothesis: Wikipedia[DB/OL]. [2020-06-12].https://en.wikipedia.org/ wiki/Endurance_running_hypothesis.

◎ CARRIER D R. The Energetic Paradox of Human Running and Hominid Evolution[J]. Current Anthropology,1984.

◎ BRAMBLE D M, LIEBERMAN D E. Endurance running and the evolution of Homo[J]. Nature: International weekly journal of science,2004,432(7015):345-352.

◎ CHEN I. Born to run: humans can outrun nearly every other animal on the planet over long distances[J]. Discover Magazine. 2006.

第六章
人類褪毛簡史：
為什麼我們沒有體毛？

　　毛髮，是哺乳動物的一個重要特徵。就算是看上去通體光滑的裸鼴鼠、大象、河馬，甚至是鯨類也不例外。儘管為了適應環境，它們已褪去了大面積的皮毛，但在一定程度上還保留著毛髮。

　　而在哺乳類動物中，人類的頭髮長度是其他動物無法企及的。細心的朋友應該都發現了這麼一個事實，那就是人如果不理髮，頭髮可以長到很長。但其他動物，即便從未學會剪頭髮這一技能，卻永遠不用擔心「拉屎要撩」的問題。例如人類的近親黑猩猩，它們一身濃毛總能保持一定的長度。

　　如果一輩子不剪，人類的頭髮能有多長？我想每個人都想過這個問題，但卻從未用實際行動驗證過。不過不要緊，喜歡挑戰極限的人類總能給我們一些參考答案。美國奇女子阿莎·曼德拉年過 50 歲了，但她卻有 40 年未曾剪過頭髮。2016 年 3 月，她的頭髮就被金氏世界紀錄認證，長達 16.8 公尺。但阿莎的頭髮長度是遠遠被高估的。

　　正常人類的頭髮的生長速度，大約是每個月 1 公分。那麼，按 40 年沒修剪計算，她的頭髮大約為 4.8 公尺。即便再怎麼天賦異稟，也很難長到 16.8 公尺這麼長。更何況，人類頭髮的終

極長度也不是這麼計算的。我們的頭髮並非無限生長的，每一根毛髮的壽命都是非常有限的。

除去為「禿頭」所累的人，人類毛髮的生長和脫落，都是呈週期性的。毛囊（hair follicle）是產生毛髮的基礎單位。毛髮由毛囊內的細胞生長分化而來。頭髮能否堅守住陣地，還得看毛囊給不給它機會繼續「站崗」。人的身體共有約 500 萬個毛囊，其中 100 萬個分布在頭部，10 萬到 15 萬個位於頭皮。

毛囊位於皮膚裡，由各種激素、化學物質，以及生長因數等共同調控。而每個毛囊裡面住著一群毛囊幹細胞，是一個相當複雜的「迷你組織」。這些毛囊幹細胞，就像毛囊周圍細胞的媽媽，能不斷分裂，給生長中的毛囊提供著源源不斷的細胞。而這些新細胞，則可以分化為毛髮、皮脂腺、黑色素細胞、平滑肌細胞等，具有多重分化的潛能。所有毛囊的生命週期，都可分為生長期（anagen）、衰退期（catagen），以及休止期（telogen）。

正常健康的成人頭皮，有 90% 到 95% 的毛囊都處於生長期，1% 進入衰退期，5% 到 10% 為休止期。顧名思義，生長期內毛囊細胞是最為活躍的，此期可持續 2 到 8 年。在這個時期內，毛囊幹細胞會大量分裂、分化，毛髮呈快速生長狀態，生機勃勃。而過了生長期，毛囊就會迎來 2 到 3 週的衰退期。在這個時期，毛囊裡的細胞也開始程序性凋亡，毛髮不會再變長。此外，髮根還會從皮下組織被推擠到毛囊幹細胞的附近，毛囊也由長變短，體積縮小。

當細胞凋亡停止之後，毛囊便會進入長達 2 到 3 個月的休止期。這時，頭髮與毛囊的連接將不再緊密，可以說是已經「死

了」，隨時有脫落的危機。而且，因為黑色素生成下降，我們還可以看到髮根是白色的。但對於毛囊這種週期性組織而言，死亡也意味著重生。在成熟哺乳動物中，毛囊是唯一具有自我再生功能的結構。當一個毛囊完成一個生長週期之後，只會稍作休息，便在適當的訊號刺激下進入下一輪的生長期。一段時間後，在同一毛囊內會再長出第二根頭髮。原本還在堅守陣地的舊毛髮也可以徹底退休，由新長出的毛髮接替上場。

所以在休止期進入下一輪生長期的時間段，頭髮也是最容易脫落的。梳子一梳、手一抓、水一沖都會自然掉落。其實我們人類，每天自然脫落的頭髮就能達到 100 根。但與此同時，也有相應的 100 根頭髮開始進入新的生長週期。所以說，在理想狀態下，我們的頭髮數量會穩定地保持在 10 萬到 15 萬根的。

下次洗頭時（尤其是幾天才洗一次頭時），如果你有大把大把地掉頭髮的現象，那也不用過分驚慌。這可能只是正常的新陳代謝。其實，從上面介紹的毛囊週期可以看出，在衰退期和休止期，頭髮是基本不會變長的。換句話說，毛囊生長期的持續時間決定著毛髮的長度。生長期越長，我們的頭髮便越有可能長得更長。一般而言，人類頭皮的毛囊生長期不過 2 到 8 年。所以說，頭髮能夠達到的長度其實是有限的，幾公尺的長度差不多就觸及極限了。而在同一個部位，毛髮的週期則大致是相同的。

同樣受限於生長週期的調控，我們身上其他部位的毛髮長度也是有限的。例如，你的手毛、腿毛、睫毛，以及眉毛等只有 30 到 45 天的活躍生長期。所以這些部位毛髮的掉落速度更快，只是因為體積太小，我們很難注意到罷了。這也是這些

部位的毛髮在沒有修剪的情況下，也不會繼續長得太誇張的原因。

　　同理，其他哺乳類動物的毛髮也有著類似的生長週期，只是週期長與短的問題。因為有些哺乳動物的毛髮生長週期很短，所以它的毛還沒長到特別長時就已經掉落了。養寵物的朋友，應該就深有體會。寵物掉毛，是個永遠都無法解決的問題。「一年掉兩次，一次掉半年」的調侃正是這麼來的。

　　那麼問題來了，為什麼文章開頭的奇女子阿莎的頭髮可以長到 16.8 公尺這麼長？這可能是因為她紮的是髒辮，長的只是辮子而非每根頭髮本身。這種髒辮的模式，其實可以讓頭髮在頭皮上更好地堅守陣地。即便一根頭髮脫落了，辮子也總能將其與另外一些尚未脫落的捆綁在一起。日復一日，她的頭髮才積累到了如此誇張的長度。

　　所以在金氏紀錄中，她打破的是「世界上最長的長髮綹」紀錄，而不是「世界上最長的頭髮」紀錄。

　　而真正獲得金氏紀錄認證「世界上最長的頭髮」的，則是 1969 年出生在中國的女子謝秋萍。2004 年測量時，她頭髮長度就達到了 5.627 米，不是綁辮子的那種。事實上，成年人體表覆蓋著約 500 萬根毛髮，這個數量與成年大猩猩體毛數是大致相等的。但不同的是，人類身體上大多數毛髮是幾乎看不見的汗毛。而剛好相反，我們頭頂則是長滿了長毛。人類與猿有著共同的祖先，但在漫長的進化中人體卻褪去了體毛，變得通體光滑。

　　現在主流的說法認為，人類生活在非洲大草原每天都需要忍受陽光的直射。為了在烈日下追逐獵物時方便散熱，人類體

毛喪失。早期人類習慣用跑馬拉松的方式，把草原上的獵物追到精疲力竭，最後才給它致命一擊。現在非洲布希族人、澳大利亞土著，以及美洲印第安人的某些部落，仍採用這種「窮追法」捕獵。

曾有科學家推算過，在太陽直射的高溫下，有濃密毛髮的早期人類只需持續奔跑 10 到 20 分鐘就會中暑暈倒。因為全身披毛，會使身體無法快速散熱。為了適應環境，人類才褪去厚重的體毛，並演化出發達的汗腺。而又因為頭頂烈日，我們的頭髮則保留了下來，以保護珍貴的大腦不至於過熱。

於是，現代人類才成了頭頂長毛，卻全身赤裸的模樣。

但說出來痛心，即便只剩頭頂這一塊長毛，人類還是在為脫髮問題而頭疼。現在還有頭髮的，就且剪且珍惜吧。

參考資料：

◎ 吳汝康 . 關於人類體毛稀少的假說和評論 [J]. 人類學學報 ,1987(1):69- 73.
◎ 莫利斯 . 裸猿 [z]. 何道寬，譯 . 上海 : 復旦大學出版社，2010.

第七章
明明卵生也能傳宗接代，
為何人類非要忍受胎生的煎熬？

　　想必大多數人小時候都思考過一個問題：我是從哪裡來的？不少人從父母那獲得的答案也五花八門，有天上掉下來的、垃圾堆裡撿的、石頭裡蹦出來的，等等。直到長大後，我們才清楚是母親經過十月懷胎生下了自己。可能有人會好奇，人類為什麼要選擇胎生呢？明明產卵下蛋能繁衍後代，為什麼非得經歷一段更痛苦的過程呢？對於這個問題，大多數人都只知道哺乳動物是胎生，鳥類、爬行類、昆蟲和兩棲動物則是卵生的。

　　那麼，如果問你，鯊魚是卵生還是胎生，你能答出來嗎？除此之外，還有什麼特殊的生殖方式嗎？

　　要弄清這些問題，還得追溯到脊椎動物生殖方式的進化。從現今發現的化石來看，最古老的脊椎動物應該是無頜類動物[*]。由於它們結構簡單且低級，所以雌雄同體的有性生殖方式就足以讓它們進行種群的繁衍。如今仍採取雌雄同體有性生殖方式的有蝸牛、蚯蚓和水蛭等無脊椎動物。

　　到了泥盆紀（距今 3.5 億到 4.1 億年）時期，地球上的魚

---

[*]　不具有由鰓弓發展來的頜的動物被稱為無頜類動物。

類出現了高度的多樣化。因此，這一時期也稱為魚類時代。那時，大多數魚類已經是雌雄異體了。不只如此，魚類還進化出了硬骨魚類和軟骨魚類這兩大支。根據自身構造的不同，魚類也衍生出了不同的生殖方式，並沿用至今。這當中，大多數硬骨魚類採用的生殖方式是卵生，即透過產卵的方式來繁殖。

我們日常生活中常見的魚子就是魚類產下的卵。當母體的卵受精後，受精卵可以在體外獨立發育。而在發育的過程中，胚胎的營養物質全由卵黃來提供。經過一定的孵化後，新個體會破殼（卵）而出。其實不光大部分魚類是卵生，我們常見的鳥類、爬蟲類，以及昆蟲幾乎都是卵生動物。

然而，大多數軟骨魚類和少數硬骨魚類卻進化出了另一種特殊的生殖方式：卵胎生。顧名思義，卵胎生是一種介於卵生和胎生之間的生殖方式。也就是說當母體產完卵之後，會把卵繼續留在母體生殖道內，直到它發育成新個體後才從母體中產出。那麼，同是魚類，是如何進化出不同的生殖方式的呢？

按照魚類淡水起源說，海生的軟骨魚類和硬骨魚類均起源於淡水。它們的祖先需要經歷從低滲的淡水環境進入高滲的海水環境的過程。為了保持體液的平衡，它們採取了不同的滲透調節機制，也就有了生殖方式差異。其中，軟骨魚類借母體的滲透調節機制，使受精卵在體內發育，以此避開高滲的海水環境，提高胚胎的存活率。比如白斑星鯊每次可產 10 餘尾，尖頭斜齒鯊每次可產 6 到 20 尾。

這些軟骨魚類的胚胎發育時，仍然像卵生動物那樣依靠卵中含有的卵黃來生存，因此稱為卵胎生。而對絕大多數硬骨魚類而言，它們仍舊將卵產於體外，任由其孵化。但受到光照、

溫度、鹽度、溶氧量等環境變化的影響，卵的孵化率和魚仔的存活率非常低。況且，子代與親代的聯繫往往不親密，甚至有些母體在缺少食物時會吃掉自己的卵。

出於生存的壓力，卵生的魚類只好不斷地拼命產卵。比如一條鯉魚每次能產 10 萬到 50 萬粒卵，翻車魚每次能產高達 3 億粒卵。幸好這些卵存活下來的概率非常低，不然水域早就被堵得「水泄不通」了吧。卵胎生除了有利於繁殖後代之外，也不會像卵生那樣消耗大量的能量。因此，不少科學家認為卵胎生是脊椎動物在生殖方式上從低級向高級進化的首次嘗試。

但目前已知的卵胎生動物比較少，比如部分蝮蛇、胎生蜥蜴、銅蜒蜥、大肚魚、孔雀魚、大部分鯊魚等。到了泥盆紀晚期，兩棲類動物也逐漸繁盛了起來。由於兩棲動物的卵能產在池塘、沼澤、稻田或溪澗等較為隱蔽的地方，卵的孵成率和幼仔的存活率也相對更高。

大概是沒有像魚類那樣大的生殖壓力，兩棲動物產卵的數量相對不大，也幾乎沒能進化出更為特殊的生殖方式。挑起生殖方式大革命重任的當屬石炭紀（距今約 2.95 億到 3.54 億年）晚期出現的爬行類動物。當時，原始的爬行類動物擺脫了對水體的完全依賴，真正完成了征服大陸的歷史過程。既然爬行類動物陸地生活的問題已基本解決，那麼如何徹底擺脫水的限制來繁殖後代就成了頭等大事。此時，羊膜卵在優勝劣汰中應運而生。

與魚類產下的膠膜卵不同，羊膜卵外面有一層較厚的石灰質外殼。這層殼不光能防禦損傷，還能減少卵內水分的蒸發並阻止細菌對卵的侵害。卵中具有一個很大的卵黃，能供應胚胎

發育所需要的營養物質；此外，它有許多細小的小孔，可以讓氧氣滲入並讓二氧化碳排出。這樣保證了胚胎在發育過程中能夠進行正常的氣體代謝。當胚胎發育到一定階段後，圍繞著胚胎會逐漸形成羊膜，羊膜圍成一個腔，充滿羊水。之後，胚胎就能在相對穩定、特殊的水環境中完成各階段的發育。

因此，爬行動物的卵再也不用產在水中，在乾燥的陸地也能照常孵化出下一代。可以說，羊膜卵的出現為脊椎動物登上陸地和繁殖後代創造了必需的條件。它也被視為脊椎動物真正征服陸地的一個重要里程碑。

等到了侏羅紀（距今 1.37 億到 2.05 億年）時代，包括恐龍在內的爬行類動物更是達到了巔峰。它們不光占據了海陸空，還在地球上稱霸 1.2 億年之久。然而，據資料顯示白堊紀末期（距今約 6500 萬年）發生了一次小行星撞擊地球的特大災難。當時地球上 95% 的生物滅絕了，宣告著恐龍時代的結束。

大約到了新生代（距今 6500 萬年），才又大範圍出現了鳥類和哺乳動物。涅槃重生後，動物的生殖方式也比之前更為高明一些。鳥類仍是採用卵生的生殖方式，但產的卵具有堅硬的外殼，能夠更好地保護胚胎，大大提高了存活率。類似地，卵生動物產卵時也進化出了一定的保護機制。比如，蟾蜍卵表面有膠性蛋白可防止水分丟失，還產生了有吸收熱能作用的黑色素。

而有些魚類、昆蟲則透過分批產卵來適應江河湖水質的變化，甚至還透過卵黃物質的多寡來調節發育形式以適應環境。比如，蜘蛛將卵產於蛛絲編織成的卵袋中以更好地保護卵；蚯蚓將卵產於由環帶形成的蚓繭內以更好地保護卵。此時，哺乳

動物也透過一種胎生的生殖方式開始稱霸整個新生代。所謂的胎生指的是受精卵待在母體內的子宮裡發育成熟並生產的過程，也就是我們人類的繁殖方式。當胚胎發育時，它會透過胎盤和臍帶吸取母體血液中的營養物質和氧。同時，它還能將代謝廢物送入母體，直至出生時這種交換才停止。

胎生為胚胎提供了保護、營養，以及穩定的恆溫發育條件。這樣能保證酶活動和代謝活動的正常進行，最大程度降低外界環境條件對胚胎發育的不利影響；子宮中的羊水能減輕震動對胎兒的影響；胎兒出生後較長時間的哺乳和照顧，保證了後代較高的存活率。雖說對於哺乳動物而言，胎生的存活率也比較高，但劣勢是一次生產的個體少，孕育週期比較長。比如大象懷孕週期就長達約 20 個月。況且，孕育期間母體一旦出現危險，往往會導致一屍多命的結果。

哺乳動物的種群數量增長速度遠遠低於魚類、鳥類動物產卵的速度，那麼哺乳動物為什麼還要選擇胎生呢？目前的研究認為，哺乳動物這樣做的原因在於：它在保證繁衍後代的同時，能有更多的時間去尋找食物，而不是伏在卵上孵卵。

出於自然選擇的壓力，哺乳動物也進化了一種特殊的結構來加強胚胎在子宮內的發育。胚膜變薄使胚胎與子宮內膜緊密接觸，最終形成胚胎直接從子宮內膜獲得營養的特殊結構，也就是胎盤。胎盤上有數以千計的指狀凸起，它們像樹根一樣插入子宮內膜，極大地擴展了吸收營養的表面積。

以人類為例，整個胎盤的吸收表面積約為一個人皮膚表面積的 50 倍。更厲害的是，胎盤能選擇性地吸收有利於胎兒健康生長的物質。比如人類胎盤在形成後可分泌大量蛋白和甾體

激素，能代替卵巢和垂體促腺激素的作用，成為妊娠期間一個重要的內分泌器官。因此，胎盤的出現保證了哺乳動物的高效繁衍。這種效果是卵生方式遠遠達不到的。而哺乳動物也正因這種較為「費勁」的結構而生生不息。

此外，一旦哺乳動物的基數大了，胎生的繁殖速度就會異常驚人。比如 19 世紀澳大利亞的兔子在 20 年的時間由最初的幾對繁衍了數十代，達到數億隻。除此之外，一些體型較大的鯊魚（如沙條鮫科、真鯊科、雙髻鯊科）和哺乳動物一樣，幼崽在母體的腹中成長，靠胎盤和臍帶獲取營養。

看到這裡，我們大概瞭解了脊椎動物從卵生、卵胎生到胎生的進化過程。由於時間太過久遠，指不定未來還會發現怎樣的化石。所以，這看起來理所應當的進化順序一直存有爭議。

傳統觀點認為，卵生是生物祖先的繁殖方式，之後再由許多種生物進化為卵胎生或胎生。這方面的研究較多，其中最為經典的是對具有雙重生殖方式的胎生蜥的研究。結果確實顯示卵胎生應由卵生進化而來。另一種觀點則相反，認為胎生出現較早，卵生是次生演化。但是支持這種觀點的學者較少。

21 世紀以來，一項關於魚類最早的胎生化石的重大發現有可能顛覆人們的認識。研究發現在，生物進化過程中，卵生和胎生是同時發展，而不是有先有後。2008 年，澳大利亞的科學家在科學雜誌《Nature》上發表文章，宣稱他們發現了一具 3.8 億年前的海洋古魚類化石，上面定格了一條魚媽媽正在胎生分娩小魚的瞬間。這塊化石上，魚兒的臍帶清晰可見，不僅如此，臍帶上還連著剛生下的魚寶寶。

這塊魚化石上正在分娩的魚，被認為是迄今為止最古老的

魚媽媽。它將大大改變人們對脊椎動物胎生的傳統認識，成為繁殖生物學的一大新發現。

不管怎樣，我們大概能總結出這麼一個趨勢：像卵生這樣相對簡單的方式，懶得在子代與親代的聯繫上花時間。但因子代的存活率低，反倒更需要消耗大量的能量進行產仔；反過來，胎生這種看起來更複雜的繁殖方式，花在子代與親代的聯繫上的功夫更多，但更高的存活率也彰顯了「磨刀不誤砍柴工」的智慧。

畢竟比起量變，質變更可能出奇制勝。

參考資料：

◎ 志琨 . 史愛娟 . 魚類的生殖策略漫談 [J]. 化石，2013(04):45-50.

◎ 蓋志琨 . 胎生真的是從哺乳動物開始的嗎？——3.8 億年前的魚化石改寫脊椎動物的胎生歷史 [J]. 化石 , 2013(03):14-20.

◎ 任霄鵬 . 遺傳研究揭示卵生向胎生的變遷 [J]. 生物學通報，2008(04):10.

◎ 劉子波 . 脊椎動物生殖方式的進化 [J]. 化石 ,1995(03):2-4.

◎ 曾勇 . 古生物地層學 [M]. 徐州：中國礦業大學出版社，2009.

◎ Agnatha: Wikipedia[DB/OL]. [2020-06-10]. https://en.wikipedia.org/wiki/Agnatha.

◎ Viviparity: Wikipedia[DB/OL]. [2020-05-31]. https://en.wikipedia.org/wiki/Viviparity.

◎ LODE T. viparity or viviparity? That is the question ...[J]. Reproductive Biology.2012,12(3):139-264.

第八章
為什麼男性脆弱的睪丸
要懸掛在體外？

　　進化雖然是一個緩慢的過程，但它卻無時無刻不在進行著。即使是自詡高級的人類，也存在著許多不完美的身體特徵。但這眾多的缺陷裡，最讓人「蛋疼」的莫過於男人懸掛在體外的睪丸。比起女性胸前「兩團肉」的抱怨，男性對自己褲襠的累贅才是最深惡痛絕的。按理來說，睪丸可是男人最重要的器官之一。如果下體受到了任何損傷，就等於宣告了傳宗接代大業的破產。從進化角度來看，這將無法把自己的優良基因遺傳下去，事關重大。

　　但在現實生活中，男性睪丸卻偏偏暴露在體外，只由一層薄薄的陰囊包裹，沒有任何保護措施。

　　想像一下，用拇指把硬幣彈向天空。再以同樣的力度，彈一下自己的手臂，痛嗎？幾乎沒有感覺。但用相同的動作，以相同的力道對準蛋蛋呢？後果很嚴重。所以「蛋蛋」也成了男人的死穴，不少格鬥術都有針對男性的陰招。一旦擊中要害，男人便會瞬間喪失行動能力，動彈不得。

　　這個弱點的存在，顯然有悖於常理。於是也產生了這麼一個問題，這個明顯的弱點，為什麼沒有在漫長的進化中被「修正」？

首先，我們可以從一種難以啟齒的男性疾病說起——隱睪症。其實在胎兒階段，人類睪丸是處於腹腔內的。隨著發育的推進，到 28 週以後就會不斷下移掉入陰囊內，最後懸掛在體外。但若是這個過程出了什麼差錯，使睪丸無法下降，就會形成隱睪。所以隱睪症又稱「睪丸下降不全」，是小兒最常見的男性生殖系統先天性疾病之一。

隱睪症的一個併發症，便是生育能力下降或不育。睪丸能製造精子，分泌雄激素，但是只有在低於正常體溫的情況下，正常的精子才能產生。實驗證明，精子生存的最佳溫度是 35℃左右，但腹腔內的溫度卻有 37℃那麼高。這 2 到 3℃的溫差，就足以使敏感的精子活性呈直線下降。

針對這一現象，科學家們早在 1926 年便提出了「冷卻假說」：睪丸懸掛在體外，能夠使其溫度低於體溫。只有這樣，人類傳宗接代的籌碼——精子，才能更好地發揮作用。

從人類睪丸的結構看來，它展現出了一些複雜而微妙的溫度調節特徵。例如，陰囊的皮膚總是皺巴巴的，堪比百歲老人的臉皮。雖然不太美觀，但暴露的表面積越大就等於越涼爽。所以這些鬆弛的皺褶，正發揮散熱的作用。

在夏天，男性朋友們往往能感受到自己的陰囊下垂得厲害，表面也更加濕潤。但到冬天，陰囊表面的褶皺會收縮得更緊緻，表面也會更乾燥些。同樣的，私處捲曲的毛髮也有利於排汗和散熱。就連男性睪丸的不對稱，都能用「冷卻假說」來解釋。在現實生活中，你絕對找不到一個睪丸對稱的男人。

我們可以欣賞一下雕塑「大衛」，「大衛」被認為是最值得誇耀的人體雕像之一。雕塑中「大衛」的睪丸左側略低，

而右側略高，再仔細點看還一邊向外，一邊向內。而這種一高一低、一前一後的模式，其實可避免相互擠壓而引發的睪丸過熱。每個睪丸都在自己的固定軌道運動，對散熱有著一定的作用。若陰囊是光禿禿、滑溜溜且對稱的模樣，則極有可能造成睪丸過熱，降低精子的活性。

此外，人類的陰囊遠不是掛在體外的擺設那麼簡單。某些時候，它們還能發動「被動技能」來保護睪丸和精子。雖然睪丸本身沒有主觀意識，但肌肉卻存在著一些微妙的反射。提睪肌是位於精索內外筋膜之間的一層肌肉組織，在溫度調節中有著重要的作用。

當環境溫度變冷時，睪丸就會被陰囊移向接近下腹部的位置，這樣睪丸可以獲得一些體表的溫暖；若環境溫度較熱時睪丸則遠離下腹部，以增加暴露面積達到散熱的效果。所以這也是為什麼不建議男性穿緊身牛仔褲、三角內褲的原因。除了難受以外，還可能讓提睪肌無法收縮自如，導致下體過熱。

當然，「冷卻假說」後來也添加了新內容，這些新內容被稱為「啟動假說」。精子對溫度的微小波動都是十分敏感的。當環境溫度與體溫相近時，精子的活力就會瞬間增加，變得更加活潑。但這種活潑更像是一種「迴光返照」，只持續一段時間便會很快掉落谷底。更確切地說，精子在體溫下活蹦亂跳的時間不過是 50 分鐘至 4 小時。而這，也正是它們透過女性生殖道找到卵子所需的時長。

從進化的角度來看，男性生殖器官的設計，只有高效地適應女性生理結構才有意義。這也是「啟動假說」的關鍵之處：當精子進入女性生殖道後，上升的溫度能有效地「啟動」精子。

這種短暫的狂熱，可讓其獲得能量，開啟一段搶奪卵子的「長征」之路。而在其餘的時間裡，精子還是適宜待在陰涼的睪丸內，儲備能量等待一次生命的大和諧。

不過，雖然這個假說看上去合理，但也仍有科學家難以解釋的矛盾。畢竟，精子的理想生存溫度，可不是光速這種宇宙恆定的常數。在漫長的進化中，讓精子的適應溫度與人體體溫相同，看起來也並不是什麼難事。

首先幾乎所有的人體細胞都能忍受 37℃ 的溫度，就連最珍貴的卵子都不例外。那為什麼不是精子來適應人體溫度？反而是矯情地硬要與眾不同，大費周章地把睪丸掛在體外降溫。如果硬是要用這「冷卻假說」來解答，確實有些太過「就本溯源」了。

事實上，也只有部分哺乳類動物，才會將睪丸赤裸裸地掛在體外。而地球上的很多動物，都會將睪丸深深地藏在體內。例如同為哺乳類動物的大象、馬島蝟、金毛鼴、象鼩、海牛和岩狸等就沒有出現任何睪丸位置的下降。怎麼到這些動物身上，精子就不怕高溫了呢？

其實除了「冷卻／啟動假說」，人類對於這奇怪的睪丸還提出了許多理論或假說。每一個理論都有幾分道理，但卻又有不可忽視的矛盾之處，沒有一項是令人絕對滿意的。而這其中最詭異的，莫過於睪丸的「累贅假說」。這個假說將睪丸類比作孔雀的羽毛，認為睪丸是一種展現男性遺傳品質的裝飾品。

孔雀的羽毛既美豔又笨重，但這也是雄孔雀炫耀自身能力強大的資本，就像某種暗示：因為我身強體壯，所以我完全有能力背負這巨大的累贅。按照這個理論解釋，人類外掛的睪丸

也是顯示自身強大的工具，企圖讓女性為之神魂顛倒。證據之一，我們的近親黑猩猩就是這種動物，它們的睪丸約為人類的三倍。而且生物學家已經注意到了，雌性黑猩猩確實更喜歡睪丸大的雄性伴侶。此外，某些非洲雄性猴類，如赤猴、山魈、長尾黑顎猴等，也習慣性地炫耀自己那對藍色陰囊。總的來說，更鮮豔的顏色和更大的體積，也更能吸引雌性。

那麼問題就來了，若想用「累贅假說」來解釋人類外掛的睪丸，那我們應該會看到這些部位在進化過程中變得越來越精緻或笨拙。此外，我們也沒見過哪個現代人類男性會將睪丸當作炫耀的資本。隨意暴露下體並到處炫耀的男性，反而會遭女性的厭棄（而且犯法），例如露陰癖。至少，睪丸的「累贅假說」早已不適配現代人類社會。

當然，這也只是解釋人類睪丸的其中一個理論。到目前為止，人類睪丸外掛的問題還是未解之謎。世界萬物本身就是不完美的，畢竟這不是上帝依照自己的喜好創造的。進化只考慮短期利益，無法制訂長遠的計畫。所以我們的身體，也只是不同時代形成的各種妥協的混雜體。人體本身就是一種「不良的設計」，理智的工程師絕不會設計出一身臭毛病的人類。但也不要灰心，我們依然能靠這副不完美的軀殼，相對完美地適應環境。

雖然睪丸外掛看起來極其危險，但與其他的致命傷比起來彷彿又沒什麼大不了的。一旦心臟、大腦有損傷，人就可以去見閻羅王了。所以心臟會被胸腔保護得好好的，脆弱的大腦也有頭骨呵護著。但睪丸被整個摘掉，都不會立即死亡。古時候的眾多閹人就是最好的例子，他們大多只是不能生育後代。有

些新聞說的「蛋碎人亡」，大多是劇烈疼痛引起的神經性休克。「蛋疼」雖然傷不起，但疼痛卻是促進防禦行動的良好機制。睪丸的神經系統分布異常密集，敏感度也極高，這正是一種高效的保護措施。那些因為怕痛而格外注意保護下體的男性祖先，會留下更多的後代。而那些不好好愛惜自己的男性，則自然而然地被人類的基因庫剔除在外。

　　所以從進化的角度來說，男性睪丸「憂傷」得理直氣壯。事已至此，痛也未必是壞事，是男人那就只能忍著點兒了。

參考資料：

◎ BERING J.Why Is the Penis Shaped Like That?: And Other Reflections on Being Human[M]. Scientific American/Farrar, Straus and Giroux,2012.

◎ GALLUP G G,Jr, FINN M M, SAMMIS B.On the origin of descended scrotal testicles: The activation hypothesis[J].Evolutionary Psychologyy,2009.

◎ Kleisner K, Ivell R, Flegr J. The evolutionary history of testicular externalization and the origin of the scrotum[J]. Journal of biosciences,2010.

第九章
不愛吃「苦」？
你可能已經贏在起跑線上了

　　可以肯定，這世上就沒有一個人是天生愛吃苦的。這種對苦味的厭惡，是刻在我們基因裡的。就像天生愛甜味一樣，你絕對找不出一個喜歡苦味的孩子。從嬰兒品嘗苦味食物時的表情，你就能看出問題了。他們的第一反應幾乎都是皺眉，並用舌頭將這噁心的玩意兒往外推。而民間的斷奶方式之一，就是在乳房上塗抹黃連一類的苦味劑。一來二去，媽媽就能用嬰兒天生對苦味的厭惡，達到斷奶的目的。

　　「苦」，雖然只是一種單純的不太愉悅的感受，但從生存的角度來看，嬰兒嘗到苦味後的一系列動作，可能已經救了他的命。其實對味道的偏好，與人類演化有著密切的關係。而對食物的錯誤選擇，往往會對健康造成不可挽回的損失。在大自然中，帶苦味的物質往往意味著有毒、有害，例如絕大多數的綠色植物。

　　因不能主動避開災禍，自帶毒性是植物主要的生存策略。我們知道有些果實之所以生著鮮豔妖嬈的外表，是為了吸引動物採食。因為只有果實被吃掉，難以消化的種子才能隨糞便排出，這一過程有利於植物的繁衍。但除了果實部分，植物的其他部分並不希望被動物吃掉。所以它們通常會演化出一些讓動

物避而遠之的手段。直接毒死那些貪吃的傢伙，就是最行之有效的手段。

而相對於莖葉，植物的種子又往往是最毒的部分。因為種子一旦破損，就直接宣告了繁育「投資方案」的全面崩盤。電視劇《甄嬛傳》中的安陵容是怎麼死的？吃苦杏仁。苦杏仁的毒性，就來自氫氰酸這種劇毒物質。所以我們一般吃水果時，還真不要嘴饞連核都不放過。此外，生的也比熟的更毒。種子未成熟，植物也使了渾身解數避免果實被吃掉，以免前功盡棄。所以未成熟的果子苦澀難吃，有的甚至還帶有毒性。

不過，「你有張良計，我有過牆梯」。在與植物漫長的博弈中，人類也進化出了識別有害物質的手段——那便是我們的苦味味覺。幾乎所有脊椎動物，都擁有苦味受體的基因——TAS2Rs。這一系列基因編碼出來的苦味受體，就可以識別出幾千種苦味物質了。說白了，這種讓人感到噁心、反胃的負面感覺，正是一種防禦機制。而且，這種能力與動物的生態位也是相互匹配的。一般情況下，雜食性動物傾向於擁有更龐大的TAS2R基因家族。因為相對於單一食物來源的動物而言，雜食的特性可能會讓它們遇上更多的有毒物質。

而純肉食動物，則比純草食動物有更少的苦味基因。只吃肉的習性，讓它們更少地遇到有毒物質。當然具體情況，還需具體分析。例如海洋中的龐然大物——鯨，就沒有苦味受體。它們長期適應吞食，大快朵頤的吃東西方式根本連舌頭都用不上。長此以往，它們的苦味覺也徹底消失了。但悲哀的是，這也使得它們無法識別某些危機。

日本獼猴常年食用柳樹樹皮。這種樹皮中含有一種苦味物

質水楊苷，而日本獼猴的 TAS2R16 基因出現了突變，使它們對水楊苷苦味，比其他靈長類動物更加地不敏感。實際上，這種突變是有利於日本獼猴生存的。尤其到了冬天，樹皮就是它們唯一的營養來源了。

沒了苦味，吃得至少不用太難受。而人類的苦味味蕾，在五大味覺（酸、甜、苦、鹹、鮮）中也是最發達的。這也表明了，苦味基因是受到自然選擇而被保留下來最多的基因，對人類的發展有著至關重要的作用。這也是小朋友為什麼討厭吃蔬菜（尤其是十字花科）的原因。即使現代蔬菜已經是人工培育所得，變得更符合人類的口味，也越來越安全了，但刻在基因裡的本能告訴我們，苦的就是有毒的，不能吃。而且小朋友的身體也不比成人，更容易受到毒物的傷害，一點點毒素就可能威脅到性命，這時本能對苦味的抗拒就顯得尤為重要了。

所以我們成人能吃的東西，嬰兒不一定能承受。其實就連我們日常吃的苦瓜，即使經過人工選擇但仍然有一定的毒性。如果兒童吃苦瓜吃多了，就很容易引發低血糖昏迷。那麼既然人的本能是抗拒苦味的，又該怎麼解釋身邊愛吃苦的人群？如黑巧克力、咖啡、茶、啤酒等，都不同程度地讓現代人欲罷不能。有別於其他動物，人類對客觀存在的苦味，有著許多主觀的認知。人類為什麼主動吃「苦」，最主要的原因是，我們知道這些苦味並不會真正殺死我們。

在自然界中，不好的味道意味著一種嚴厲的警告。但當這種警告無效時，人類就會趨向於反復嘗試，並確定這玩意兒實際能吃。加入了人類的認識能力後，我們就能透過適應訓練來調節口味，並從有苦味的食物中獲得一些樂趣。這個過程同樣

對我們有利。在資源匱乏的時期，這也就意味著人類祖先能比別的生物獲得更多的資源。

我們喜歡的也不是苦味本身，而是這一種食物。例如喜歡咖啡，可能是喜歡氤氳的香氣。喜歡啤酒，可能是喜歡清涼的口感、麥芽的香甜。多種口味與口感混合，也就成了我們所說的不一樣的風味。人類雖不喜歡苦味，但它總摻雜在其他影響因素裡，靠這點兒小計謀，苦味也變得可以接受了。沒有一個人會單純地嗜好某種苦味。它不像辣味能激起愉悅感，目前科學家還未發現，苦味能夠激起哪一種愉悅的感覺。苦後的「回甘」，可能也只是對比效應下的一種口腔錯覺罷了。

隨著年齡的增長，人類對苦味的接受度也會變高。嬰兒時期，人類有多達一萬個味蕾。但隨著年齡增長，這些味蕾會逐漸退化，味覺功能下滑。到老了之後，味蕾的數量可能會萎縮一半以上。隨著年紀的增長，味覺敏感度降低，人們也許會更加願意嘗試，並學著欣賞這不一樣的風味。看一下周圍的人你就能發現，老一輩基本上都是愛吃「苦」的，而那些小孩還在為不想吃蔬菜而要脅父母要絕食。

「吃得苦中苦，方為人上人」也不是沒有道理的。

當然，研究同樣表明，每個人對苦味的敏感程度是不同的。1931 年，一位名為福克斯的化學家首次報導了這個有趣的發現。對同樣的苦味物質苯硫脲（PTC），大約 28% 的人嘗不出苦味，65% 的人能嘗得出。後來科學家也發現，這個苦味受體基因叫作 TAS2R38，在人類的 7 號染色體上。這種基因有兩種類型：顯性 G 和隱性 C。其中 G 基因可編碼人類舌頭味蕾上的苯硫脲受體，而 C 基因編碼的受體則無法嘗出這種苦味

物質。GG 基因型的人可稱得上這種苦味的「超級味覺者」，而 CC 基因型的則被稱為「苦盲」。

不過說是「苦盲」，但你仍有機會嘗到這種味道。因為你的味蕾仍可能含有感受這種苦味的受體，只是由其他的基因編碼而來罷了。而且，人類對苦味的喜愛，很大程度上還受到了文化的影響。在鹽、糖、脂肪等人體必需營養的嚴密夾擊下，苦味卻悄然地流行開來。這種難以讓人愉悅的味道，以小眾及高級著稱，殺出了一條血路。

有人熱衷於咖啡中的酸苦單寧味；有人則為高可可含量的巧克力銷魂；有人卻在苦丁茶中悟出了一絲禪意；現在連蔬菜沙拉，都要被又硬又苦的紫色甘藍侵占，餐後還要配一杯令人窒息的青汁。有時候就是在咖啡裡加個糖球或奶球，都要被鄙視一番。

還有不少啤酒愛好者，對啤酒的苦度值（IBU）特別在意。啤酒的苦味，主要來自啤酒花（蛇麻草）中的異 α-酸或葎草酮。而 IBU 則是透過測量異 α-酸或葎草酮的數量，來衡量啤酒的苦度。幾乎每年各大精釀啤酒的巨頭，都以刷新 IBU 最高的歷史紀錄的方式來製造噱頭。

一款普通的印度淡色艾爾啤酒，IBU 範圍在 40 到 60。但在 2015 年，就已經有人釀出了史上啤酒花味兒最濃郁的商業啤酒，IBU 達 658。更有啤酒大師釀出了 IBU 為 1000 以上的超級苦啤。老實說，哪怕 IBU 再高，人類的味蕾能品嘗出差別的上限也就是 IBU 為 110 左右。

IBU 再高，也就是一個「苦」字罷了。

這些啤酒，很多人都無法一次喝完，而且這「銷魂」的

苦味還會暫時讓舌頭吃什麼都沒味。但大家依然樂此不疲，以 IBU 標榜自己有多能吃苦。酸、甜、苦、鹹、鮮這五味中，人類只有學會了「吃苦」，才能真正擺脫單純為吃而吃的本能。

　　不為吃而吃，或許才能成為真正的「吃貨」。

參考資料：

◎ MCQUAID J.Tasty: The Art and Science of What We Eat?[J]. Scientific American Minct,2015.

◎ MENNELLA J A,BOBOWSKI N K.The sweetness and bitterness of childhood: Insights from basic research on taste preferences[J].Physiology&Behaviov,2015,152 (b):502-507.

第十章
讓女性受盡了折磨的「肚子疼」，
究竟有什麼終極演化意義？

　　每年的 5 月至 6 月，藥房的避孕藥銷量都會例行增加兩至三成，達一年的銷售頂峰。難道天氣熱了，大家的計劃生育意識變強了？非也，這些藥物的購買者多為高三女生，目的是抑制月經以免影響考試發揮。

　　雖然痛經不是什麼大病，但經歷過那種無可名狀的痙攣或下墜感的人，都心有餘悸。而在「大姨媽」造訪的那幾天，也是女生們「下輩子投胎當男人」願望最強烈的時刻。她們可能也不止一次地懷疑人生，並發出這樣的疑問：為什麼人類一定要有月經週期？誠然，月經是女性生殖週期中的關鍵一環。雖然每個月，女性子宮內膜都會變厚並分層，形成廣泛的血管網路，等待著胚胎著床，但並非每顆卵子都能等到屬於她的那顆精子。如果女性沒有受孕成功，雌激素和黃體酮水平就會下降，變厚的子宮內膜組織以及血管便會脫落。

　　由此，月經便形成了。一般而言，月經會維持 2 到 7 天，造成 20 到 100 毫升的失血。

　　可以見得，這裡流的可是貨真價實的血液。一次月經損失的能量大約能頂 6 天的日常營養攝入。每月白白丟失這麼多營養，就已經十分讓人費解了。而更致命的是月經帶來的痛苦和

不便。在原始森林中，月經可能會成為女性被追殺的線索，也可能導致女性被排擠出狩獵活動。

雖然除了人類之外，其他哺乳動物也同樣存在著生殖週期，但截然不同的是，絕大多數的哺乳動物是沒有「大姨媽」的（狗屬於發情期的陰道流血，並非傳統理解的「大姨媽」）。而「大姨媽」的有無，也是區別高級靈長類動物與其他哺乳動物的一個要素。所以科學家和眾多女同胞一樣疑惑，這得帶來多少進化上的好處，人類才會進化出如此煩瑣且浪費的規律性出血程式。

這麼多年來關於月經的說法眾說紛紜。早在 1920 年，著名的兒科醫生柏拉・希克創造了「月經毒素」（menotoxin）一詞。他認為月經其實是一種骯髒的存在，毒素會隨著經期排出。當時他做的一項實驗發現，經期女性的手觸碰過的花很快會枯萎，他還宣稱這是「月經毒素」所致。因為人類至今都沒有發現這種毒素的存在，所以這個污名化女性的假說也不攻自破。到 20 世紀末，另一個截然相反的假說引發眾人關注，認為月經的功能是「為子宮抵禦精子帶入的病原體」。但這個假說也很快就因缺乏證據被推翻。原因很簡單，因為月經期間的感染風險反而會增加。如微生物在富含鐵、蛋白質和糖的血液中生長更好，且經期宮頸周圍黏液也減少，微生物也更易侵入。

也有人提出，月經是在鍛煉女性的造血功能。不同於男性，考慮到分娩時容易大量失血，這種鍛煉似乎對女性就很有必要。事實也證明了，身體狀況相似的男女，因意外失去相同比例的血液，男性會因此而死，而女性則有搶救成功和最終康

復的可能。

　　但這個假說同樣經不起仔細推敲，說服力較低。因為原始時期，女性剛進入青春期就已經早早地為人母了。這也意味著，這種鍛煉機會並不多見，特別是對於最需要鍛煉的頭胎。目前最可信的一種說法，來自耶魯大學的蒂娜·厄莫拉。她在2011年發表的一篇論文中提出，月經其實是子宮對抗胚胎的結果，這反映了母親對自己子宮的控制權。

　　所有的胎兒，都會深入母親的子宮汲取營養。物種的胚胎在母體的深入程度不同，如馬、牛等胚胎僅位於子宮內表面，狗和貓則會稍深入一點兒。而人類和其他靈長類動物的胎兒，則幾乎穿透整個子宮內膜，就像整個沐浴在母親的血液中。從直觀感受上看，每月子宮內膜變厚彷彿是種植胚胎的沃土，是為了讓胚胎更好地著床。但事實上，子宮本身根本不想讓胚胎著床。畢竟胎盤一旦成功植入，母親就會喪失對自己激素的全面控制權（胎盤能製造各種激素，然後利用激素操控母體），嬰兒也可以直接不受限制地汲取母親的血液供應。

　　很早以前，科學家就曾試圖將胚胎移植到小鼠身體的各個部位。腹腔、胸腔，甚至是後背等地方，胚胎都很輕鬆地著床了。但讓人難以置信的是，原來子宮內膜才是胚胎最難扎根的地方。它完全就是一個胚胎試驗場，只有最具攻擊性、最堅強的胚胎才能扎根。由此可見，子宮與胚胎間的衝突可能比想像中還要凶殘。所以根據這種母子間的戰役，厄莫拉的團隊認為母親是不得已才在胚胎入侵之前就做起了防禦工作——讓子宮內膜變厚。這樣才能使自身免以被貪婪、自私的胚胎索取得「渣都不剩」。

那麼，為什麼變厚了的子宮內膜又要脫落呢？答案是為了擺脫不良的胚胎。

　　子宮與胚胎的戰爭，總有一方會以失敗告終。如果子宮失敗了，胎兒就會在子宮中不斷扎根成長，直到成熟被排出體外。如果胚胎攻城失敗了，那事情就沒那麼簡單了。如果當時胚胎還處於游離狀態，那也還好，不會產生什麼大的影響。但若胚胎在子宮裡是處於半死不活的狀態，那就麻煩了。這種狀態是已經著床但還未形成臍帶連接，又或是已虛弱到無法對子宮開展進一步攻勢。

　　所以為了解決問題，統一每個月剝掉整整一層表面的子宮內膜，連帶死掉的胚胎排出體外，就成了一個不錯的選擇。在沒有任何懷孕跡象出現時，有 30% 到 60% 的胚胎就是以這種方式被毫不客氣地丟棄的。而從進化論中自然選擇的角度來看，這也是能夠自圓其說的。人類的胚胎向來容易發生異常，這與我們與眾不同的性習慣息息相關。不像其他哺乳動物只在特定的發情期才能交配，人類可以在整個生殖週期的任何時間交配，不存在發情期的說法。這種情況也被稱為「延長交配」（extended copulation），其他具有月經的動物，如蝙蝠和象鼩都有這種現象。「延長交配」導致卵子在形成幾天後才受精，從而容易造成胚胎異常。

　　如果遇上品質不好的胚胎，那對需要十月懷胎的母體來說才是巨大的浪費。想像一下，為了一個虛弱不能存活的胎兒，冒這麼大的險顯然是不值得的。所以自發脫落，在識別到不良胚胎時懂得及時停損，才是真正節約資源的方式。

　　此外，因為人類的發情期已消失，無論男女，隨時都能產

生性慾，娛樂性更強。所以，人類的交配次數遠超任何一種動物。而女性子宮被不良胚胎侵入的機會也會相應提高。從這點看來，月經機制就顯得更加必要了。總結一下就是，月經的存在可能是為了抵禦胚胎的入侵，也可能是篩選劣質胚胎導致的現象，又或者是兩種情況都有。所以，我們全人類得以延續後代，還得感謝女性每月受的苦難。

至於痛經，則是月經的副產物了，也分為兩種：原發性痛經和續發性痛經。子宮內膜的脫落確實會導致血管直接暴露而出血。但正常情況下，自動脫落這一過程本身並不會帶來什麼異樣感，有點兒類似於脫皮。而原發性痛經，與自身前列腺水平相關。「大姨媽」登門造訪時，人體會分泌前列腺素 PGF2α，促進子宮平滑肌不斷擠壓收縮以排出脫落的子宮內膜。前列腺素 PGF2α 過高，會造成子宮平滑肌過度收縮，以及血管的痙攣。這種情況下的痛經，也被稱為原發性痛經，因為盆腔並沒有發生器質性的變化。續發性痛經則由盆腔器質性疾病導致，如盆腔感染、子宮內膜異位症、子宮肌瘤等。這類疾病一旦出現，則需及時治療，對症下藥。

其實在原始社會中，由於短壽、營養不良、青春期晚，及沒有道德約束等原因，我們從事「狩獵—採集」的祖先，很有可能從第一次排卵就開始懷孕生子，然後一直都處於頻繁的生育狀態。她們一生並沒有受多少次「大姨媽」的折磨，經期可能會少至 50 次左右。生活在馬利的多貢人就是個典型的自然生育群體（不做任何避孕措施），此群體的女性一生只需要經歷 100 次月經。而現代女性在一生的可育年齡裡，平均約有450 次月經。這在整個文明進程裡，其實是顯得不太尋常的。

不過現代社會也有現代社會的好處。

在科學與科技的基礎上，女性其實已經有權利選擇不受月經的折磨。

想必大家都聽說過短效避孕藥。1957 年，美國食品藥品監督管理局就首次審批通過了短效避孕藥。我們都知道，女性一生中能不受月經困擾的也就那懷胎十月（或絕經後）。短效避孕藥的原理正是透過類比機體妊娠的狀態，讓體內始終保持一定量的雌激素和黃體酮水平。這樣身體便會以為自己正處於懷孕狀態，不再下令讓卵巢排卵。連續服用三週，停藥一週。這樣在停藥的最後一週裡，女性便能獲得前所未有的規律月經。但許多人不知道，其實那停藥的一週不過是一劑安慰劑，每月的出血也並不是真正意義上的「月經」。

短效避孕藥的發明者約翰・羅克，是擔憂女性每月少了「大姨媽」會感到不適應，才確定了這個療程。事實上這種服藥三週停一週的設計，從來都沒有任何醫學依據。美國的女醫生和護士們率先選擇了拋棄月經——在服用完第三週的藥片後，馬上開始下一輪藥物的服用。到 21 世紀初，各種製藥公司也紛紛推出了可以連續服用的藥片。有的藥片可連續服用12 週，有的可以讓女性每三個月才出血一次，有的則可以讓女性一年內不來月經，等等，藥物維持的時間越來越長。

只是抑制月經，在醫學史上還相對較短。雖然目前認為，長期服用短效避孕藥，可降低卵巢癌和子宮內膜癌的發病率，然而面對一直陪伴著自己卻又突然消失的「大姨媽」，女性同胞們還是難以跨越心理障礙。

但至少，現代女性還能將身體的控制權掌握在手裡。

參考資料：

◎ DASGUPTA S. Why do women have periods when most animals don't? :BBC[EB/OL]. [2015-04-20]. http://www.bbc.com/earth/story/20150420-why-do-women-have-periods.

◎ SADEDIN S.Why do women have periods? What is the evolutionary benefit or purpose of having periods? Why can't women just get pregnant without the menstrual cycle?:Qura[EB/OL]. [2018-03-30]. https://www.quora.com/Why-do-women-have-periods-What-is-the-evolutionary-benefit-or-purpose-of-having-periods-Why-can%E2%80%99t-women-just-get-pregnant-without-the-menstrual-cycle.

◎ BLANKS M,BROSENS J J.Meaningful menstruation:Cyclic renewal of the endometrium is key to reproductive success[J].BioEssays,2013:412.

第十一章
人體有哪些有意思的進化殘留？

　　這個世界上最完美的人體是哪一個？是米開朗基羅手下的「大衛」？還是達文西筆下的「維特魯威人」？又或者把眼光放到現代，從現代訓練科學的健美運動員裡找一找？

　　很遺憾，就連現代審美所追求的八塊腹肌也是進化過程中殘留的產物。

　　那種結締組織分隔的肌肉特徵是魚類普遍擁有的特徵。陸生脊索動物的大部分肌肉都不會出現分節的現象，但是在腹直肌上，這種「遺跡」依舊存在。雖然聽起來有些不可思議，但整個智人物種當中都沒有哪個個體能算得上完美。「完美人體」根本就是個假議題。即使是自認為最高級的人類也充滿了缺陷，這是讓完美主義者和神創論支持者難以接受的事實。

　　一般來說，想要瞭解歷史就必須尋找文明誕生和發展過程中留下的遺跡。但想要瞭解進化的歷史，我們倒不需要去荒郊野嶺尋覓，只要看看我們自己就可以了。無論身體形態還是生存方式，人類都顯得與眾不同，被普遍認為是一種高度進化的高級生物。儘管如此，我們的身體裡還是保留著很多器官「遺跡」，每一個「遺跡」都與進化相關。

　　這些「遺跡」中有一些早已耳熟能詳。例如闌尾，我們第一次從父母口中知道它的時候，它的身上就已經被貼上了「無

用」、「多餘」的標籤。闌尾位於盲腸的後端，原本是哺乳動物用於消化植物纖維的器官，後來因為食性的轉變而漸漸失去了地位 *。

又例如人的耳朵，這是一個保存完好的進化「遺跡」，出土文物之精美令人驚歎。首先是耳廓外側殘存的達爾文點，它是耳輪後上部內緣的一個小突起。它是高等動物耳尖部分。人類已經不再擁有這種尖耳朵，但卻依舊保留這個部分。在耳廓的下方，我們還保留了三塊動耳肌。這顯然是我們的哺乳動物祖先用來控制耳廓朝向，以便更好地警戒危險的肌肉組織。而人類的耳廓早已變樣，基本上不存在改變朝向的可能，這三塊肌肉也就成了擺設。很多人都無法自主控制這三塊動耳肌，只有少部分人能重新領悟到技巧，用上這祖先留下的「遺產」。

接下來，讓我們往面部的方向前進，我們也許能發現耳前瘻管——耳朵上一個意義不明的小孔。這是在胚胎發育階段第一咽弓封閉不完全的產物，它的起源比達爾文點更早，是魚類祖先留下的遺跡。耳前瘻管在現代算是一種先天畸形，雖然看起來很不起眼，但也別忽視它。一旦它發生感染，就得去醫院檢查。除了耳朵上這些比較明顯的遠古「遺跡」之外，還有一些我們天天談論卻不知道它也是進化殘留的器官。

起雞皮疙瘩是我們經常出現的生理反應，可能是因為受到驚嚇，也可能是因為感到寒冷。可能不太有人會主動探討這種反應的意義，最多也就是在生物課本裡記住「骨骼肌顫慄、立

---

* 闌尾並非完全多餘無用的器官，現代研究發現闌尾具有免疫功能，還可以為一些益生菌提供庇護所，保障腸道菌群的健康。

毛肌收縮、甲狀腺激素分泌增加」的人體禦寒機制。實際上，立毛肌就是讓毛豎立的肌肉，對於我們毛茸茸的祖先來說，受到一些外界刺激就「炸毛」是正常的。但我們人類的毛不太爭氣，沒能夠茁壯成長。很多動物都還保留著「炸毛」的反應，最常見的就是貓在恐懼時弓起身體豎起毛髮，讓自己盡可能顯得體積更大。

而人比這些動物擁有更多更複雜的高級情緒，起雞皮疙瘩的原因也並不局限於恐懼。起雞皮疙瘩可能是因為讀到了小說裡讓人感同身受的絕妙句子，也可能是因為聽到了一段讓人驚歎的旋律，這些顯然都與恐懼無關。立毛肌的反應或許能幫助我們找尋這些高級情緒的起源，畢竟起雞皮疙瘩也是自然反應。另外，還有一些多餘器官的存在能直接駁斥神創論支持者。

《聖經》告訴我們，上帝耶和華按照自己的形象用塵土捏出了一個男人，並賦予了他生命。之後上帝又覺得一個人太孤獨，於是用男人的一根肋骨造出了女人。如果故事真的是這樣的話，那男人為什麼要有和女人類似的哺乳器官？是因為上帝親力親為哺育後代，還是上帝對乳頭有什麼特殊的癖好？

這個問題並不好回答，反神創論者達爾文也沒能很好地解釋清楚這個問題。他只提出了一個猜測，認為從前哺乳動物是雙親同時哺乳後代，後來才因為某些原因才讓雄性的乳頭退化了。實際上男性生來擁有乳頭的根本原因是，人體發育的預設性別是女性。這種性別決定機制就來自我們所熟悉的 X、Y 性染色體。胚胎發育的前四週是沒有性別之分的，一律按照 X 染色體的基因編碼發育。而乳頭、乳腺的基因是在常染色體上

的，所以這個時期無論男女，都會無差別地長乳頭。

　　直到第五週開始，胚胎才開始形成性腺器官，但這仍舊是沒有性別分別的。第七週的時候，Y 染色體上的決定性別的基因得到表達，性腺開始發育成睪丸。如果是沒有 Y 染色體的女寶寶，則要等到第 13 週的時候性腺才會按照預設的女性性別發育成卵巢。簡單來説就是乳腺乳頭的發育在胚胎性別分化之前就完成了，所以即使乳腺對於男性來説無用，也不方便後期刪除了。這也説明男性的乳腺不是一個退化的器官，而是一直保持著青春期前的未發育狀態。如果受到雌性激素的刺激它依舊能發育成一個功能完整的哺乳器官。

　　人類胚胎的這種發育機制也許是為了提高發育效率，畢竟節省了胚胎發育的時間能帶來更大的生存機會。但是這也會帶來一些很明顯的缺陷。男性的睪丸雖然位於陰莖附近，但是連接兩者的精索卻在腹腔裡繞了一個大圈。這導致了男性更容易發生疝氣，部分腸子有可能落入陰囊裡，造成巨大的痛苦。其原因就在於人類遠祖們的性腺長在較高的位置，比如鯊魚的性腺就長在肝臟附近。人類胚胎早期形成的性腺也依舊是這樣，但我們都知道無論是女性的卵巢還是男性的睪丸，位置都要更靠下。因此，在胎兒發育的過程中，性腺是不斷下移的，就像重演進化一樣。

　　對於女性來説卵巢只需要下移至下腹，而男性的睪丸則要下移至腹腔以外，這個過程難免會出現差錯。有很多種因素都會導致男嬰的睪丸在胎兒發育完成時仍沒有下移至陰囊內，這種疾病被稱為隱睪症。他們藏在體內的睪丸會因為環境溫度過高而難以正常產生精子，且比正常睪丸的癌變率高出幾十倍。

如果胎兒還伴有尿道下裂，以及性激素異常，就還很可能被當作女孩撫養長大。然而，正常發育的睪丸也不見得就是完美的。由於睪丸要穿過體壁薄弱區域下降至陰囊，這一過程不僅讓精索繞了恥骨一圈，還給體壁留下了一個脆弱的突破口。當腹壓上升，腸子就有可能突破薄弱的體壁，落入陰囊內。導致腹壓上升的原因可能是小孩子的哭泣、咳嗽。而成年人則會因為年齡增加體壁變薄而逐步變得易引發疝氣。臨床上除了只有男性會患陰囊疝氣之外，男性腹股溝疝氣的發病率也遠高於女性，比例大致為 12：1。

魚類祖先們還聯合我們的兩棲類祖先送了一個打嗝「大禮包」給我們。這裡的打嗝可不是吃飽喝足排空胃部多餘空氣的那種打嗝，而是不由自主的肌肉痙攣式的打嗝。我們繼承了魚類祖先控制呼吸的膈神經，又從兩棲類祖先那裡繼承了呼吸時關閉氣管的反射。魚類是用鰓呼吸的，而鰓位於頸部附近，因此控制呼吸的膈神經遵從就近原則，從頸部發出。到了兩棲類，它們已經進化出了肺部，可以在陸地上呼吸生存。

可是兩棲類的幼體依舊離不開水，並且還存在一個鰓和肺共存的階段。例如蝌蚪，在變態前基本用外鰓呼吸，但它又同時擁有肺，膈神經在控制呼吸時必須讓氣管閉合，才能保證水不會進入肺部。這種保護機制傳給了人類，可是人類已經沒有了鰓，當這種保護機制被激發的時候，就會出現打嗝的現象。從鰓到肺，膈神經控制的器官下移了不少，可是神經的出發點還是在原來的頸部。

這就意味著連接頸部與肺部的膈神經會蜿蜒曲折，神經纖維也很長，任何一處出現問題就會引起打嗝。

如果說頸部與胸腔距離遙遠，拉一條長神經也還算可以諒解，那喉返神經可能會突破你的認知底線。喉返神經從腦部發出，連接頸部的大量結構，主要控制咽喉的運動，包括吞咽行為和日常發聲。按理來說從腦部到咽喉路徑很短，應該不會出現什麼差池吧。可實際上我們左右兩側的喉返神經都走了令人驚訝的崎嶇之路。右側的喉返神經要向下繞過頸動脈，而左側的喉返神經更甚，向下延伸至心臟附近，繞過主動脈再返回喉部，這也就是喉返神經的名字由來。

　　這種匪夷所思的布局依然離不開我們的魚類祖先。我們的喉返神經在魚類那裡屬於第四迷走神經分支，位於第六動脈弓之下，神經與動脈二者互不干擾。可到了陸生動物這裡，第六動脈弓退移至胸部，而喉返神經還得乖乖地從它下方繞過，於是就形成了今天這個樣子。人類應該慶幸脖子短，喉返神經還算沒有繞太長的路。看看那長脖子的長頸鹿，它的喉返神經足足 4.56 公尺，恐怕是最受罪的動物了。

　　如果你是一個完美主義者，又恰巧看完了這篇文章，那很抱歉，這篇文章給你心中埋下了刺。其實，儘管我們總是標榜自己是生物進化史上的奇蹟，是地球上出現過的最高等級生物。但殘酷的現實依舊提醒著我們，人類從某種意義上來說還是一條魚、一隻蛙、一頭獸。我們再走百萬年也還是進化的產物，雖然我們的功能更多、更複雜，但進化過程中留下的隱患也會更多。

參考資料：

◎ 舒賓 . 打嗝來自兩棲類祖先的進化缺陷 [J]. 馮澤君 , 譯 . 環球科學 ,2009,(2):42-45.

◎ 楊安峰 . 略談比較解剖學上動物進化的證據 [J]. 生物學通報 ,1981,(03):1-3.

◎ 騰科 . 人類進化中的 16 個致命缺陷 [J]. 悅讀文摘 ,2008,(03):49.

◎ COYNE J. The longest cell in the history of life[M]. Why Evolution is True. OUP Oxford,2009.

第十二章
「醜爆了」？不，
它們才是祖先稱霸雪原的必備硬體

　　如果你曾留意過，就會發現歐洲人無論是大人還是小孩，都是清一色的標配「雙眼皮」。而且仔細一想，還真的找不出幾個單眼皮的歐美人，不信你可以在腦內搜尋一遍。在歐美等地，他們根本不知道單眼皮為何物，也不會去區分單雙眼皮。所以如果將在亞洲風靡的「雙眼皮整容手術」搬到這些地方去開業，基本上可以預見是虧損的。不過與其說歐洲人都是雙眼皮，倒不如說亞洲人的單眼皮才是世界上最獨特、最具有標誌性的人類特徵。

　　東亞人種獨特的單眼皮，其實指的是眼眶內側有一條皮膚皺褶，叫內眥贅皮。內眥贅皮是上眼瞼褶皺下墜包裹眼頭的結果，有輕重程度之分。程度較輕的就成了內雙，而較為嚴重的便成了所謂的單眼皮。內眥贅皮，也叫作蒙古褶，因一般認為現在的東亞地區，為蒙古人種的後代。

　　就算是雙眼皮的亞洲人，有這道褶的也不少。例如劉亦菲的雙眼如此具有東方神韻，就是托了「蒙古褶」的福。相反，沒有蒙古人血統的白種人（高加索人），他們的眼部有不同程度的凹陷，頭骨眼眶部分突出，雙眼是又圓又大，「蒙古褶」就極其罕見了，除非是變異或疾病等原因。然而因為審美的變

化，東亞人總是以這道「蒙古褶」為恥，紛紛走進整容醫院，想要改變這刻在基因裡的印記。

19 世紀末，一位英國醫生約翰・朗頓・唐便把唐氏症，稱呼為「蒙古人種病」。因為他認為唐氏症患者的眼部特徵與亞洲人十分相似，如「蒙古褶」和上揚的眼尾。他解釋道，唐氏症是一種由「高貴」的白種人退化到「低賤」的蒙古人的病變。所有人在嬰兒時期普遍都會出現不同程度的「蒙古褶」，而高加索人一般在 3 到 6 個月之後「蒙古褶」就會自動消失。所以，他們才用「弱智」來描述此類患者，認為「蒙古眼」是「進化不完全的產物」。殊不知東亞人的眼睛不但與眾不同，而且進化出了不少過人之處。

根據進化論的解釋，東亞人獨特的眼型主要起源於對極度嚴寒環境的適應。如果在寒冷的地方，第一時間凍瞎的可能就是「雙眼皮」的歐洲人。我們知道人類的祖先都起源於非洲，經過數百萬年的遷徙才形成了今天的人種格局。而其中有一支，就在間冰期（較溫暖）通過西伯利亞到達東亞大陸。隨著時間推移，大概在距今 1.8 到 2.2 萬年，寒冷的末次冰盛期便來臨了。為了在寒冷的環境中生存下去，我們的祖先在外貌、體格上都發生了不同程度的變化。

也正是在這個過程中為了對抗惡劣的氣候，我們獨特的眼睛才形成。例如我們眼窩內脂肪層不但會加厚，還會進一步延長，而且眼部的皮膚會向內生長，使眼眶變小。這些變化的出現，都是為了保護我們脆弱的雙眼。雖然我們雙眼沒有感知溫度的神經，但人體對眼球的保護卻是無微不至的。要知道為了保護眼球，人體優先供熱的地方之一就是雙眼。在紅外線成像

儀中，就能看到眼窩周圍是臉部溫度最高的區域。除了供熱優先外，角膜和鞏膜也像隔熱層一樣，能達到保溫作用。這些缺少血管的透明組織，幾乎沒有散熱作用，但能達到緩衝寒冷直接傳導到眼的作用。在極其寒冷的環境中，如果沒有這些保護措施，「體液外露」的眼睛都可能被凍住。

對極度嚴寒地區的人來說，眼睛幾乎是決定著生死的關鍵器官。它不能透過用厚厚的獸皮包裹的方式來抵禦寒冷。人類雙眼必須裸露在外，才能獲取到最重要的視覺資訊。在嚴寒的劣境中，假如沒有有效的保護措施，人們的雙眼很容易被凍得無法睜開。失去視線，幾乎就等同於葬身於雪海。

所以在原有的保暖措施基礎上，東亞人特有的「蒙古褶」就是保溫的必備良器。

這種從上眼皮脂肪層一直向下延伸至睫毛處的結構，能夠更有效地包裹雙眼，使溫度更難散失。此外，上下眼皮的脂肪層也會變得更厚，甚至連眼窩內都填滿了脂肪，幾乎看不出凹陷。這種平坦的結構不但降低了眼睛與寒冷空氣的接觸面積，使冷空氣帶走的熱量更少，而且更厚的脂肪還能有效地保持眼部溫度。這些結構，無疑都大大地提高了東亞人的生存機率。不過，這種脂肪飽滿的眼部結構，出現那道雙眼皮褶子幾乎是不太可能的了。除了防寒作用，單眼皮對強光的緩和作用也是必不可少的。

據研究報導，乾淨新鮮的雪面對太陽光的反射率高達95%。也就是說在陽光下，95%的太陽光線會被雪面反射出來。如果你盯著雪面看，就幾乎等同於盯著天上的太陽看了。所以去滑雪時，人們就要戴滑雪眼鏡。因為雪地反射不但影響視

野，還容易被「亮瞎了眼」，患上雪盲症。雪盲症，顧名思義就是雪面強光刺激造成的暫時性失明，包括眼角膜、結膜等損傷。

但我們的祖先沒有墨鏡，又該怎麼辦？此時，眼縫更小和眼皮更厚的瞇瞇眼，就成了抵禦雪地強光的利器。此外，東亞人的小眼睛還自帶墨鏡效果，因為東亞人有更淺色的視網膜色素上皮細胞（retinal pigment epithelium）。它位於視網膜的最外層，由單層色素上皮細胞構成，可以吸收光線，減少光的散射從而保護眼內組織免受氧化損傷。這層上皮細胞的顏色和透明度，決定了其反射量和吸收量。

研究表明，視網膜色素上皮細胞的顏色與人的膚色有關。這是因為在人類的胚胎時期，視網膜色素上皮細胞曾是皮膚的一部分。此外，東亞人的視網膜色素上皮細胞的透明度也更低。而東亞人這顏色更淺和透明度更低的視網膜色素上皮細胞，會使其對強光的反射量和吸收量都變大。這些結構，無疑為東亞人的祖先成為「雪原一霸」增加籌碼。

此外，我們的大臉、短腿、塌鼻等特徵，都與寒冷的氣候脫不了干係。因為大自然有一條與我們審美完全相悖的定律——艾倫法則。根據艾倫法則，同一個物體在越冷的地方，個體四肢越短、軀幹越圓。這是因為四肢和附器越短小，散熱也就越少。

例如一個物體的體積只有 8 個棱長為 1 的正方體那麼大，那麼把它們拼成 1×2×4 的長方體，其表面積就是 28 個單位。但如果把它們拼成 2×2×2 的正方體，其表面積就是 24 個單位。而表面積越小，也就意味著散熱量越少。當然，數學好的

人應該已經發現：同樣的體積，球體才是表面積最小的。

　　在 19 世紀，美國動物學家艾倫就發現，與溫帶的兔子相比，北極兔的耳朵和尾巴更短，身體也更圓。同樣的情況，也普遍地發生在北極熊、北極狐等動物身上。來自不同緯度的同一物種，也遵循著艾倫法則。當然，這個法則也同樣適用於人類。那些住在炎熱地區的人，腿部往往較長，如非洲等地，而東亞人就明顯四肢相對較短。人類學家曾測量了不同種族的坐高與身高比，東亞人為 0.55，歐洲人為 0.5，而撒哈拉沙漠以南的非洲人則為 0.45。

　　除此之外，科學家還研究了動物面部特徵與艾倫法則的關係。1968 年，斯蒂格曼曾做過一個實驗。他把兩組幼鼠分別放到 22℃和 5℃的環境中 90 天，並給予充足的水和食物。實驗結束時，他發現在寒冷條件中生存下來的老鼠，有更狹窄的鼻腔、更寬的臉，尾巴和四條腿也更短。在寒冷的西伯利亞，東亞人小而塌的鼻子，也正是艾倫法則的體現。我們都知道，鼻子的功能除了聞氣味外，還能對空氣加濕加熱。較小的鼻孔和更深入的鼻腔，都能提升加熱冷空氣的效率。這樣，我們的器官和肺才能避免被冷空氣所傷。

　　所以說，那些你認為醜爆了的單眼皮、短腿、大臉、塌鼻，也曾幫助我們的祖先開疆擴土。

參考資料：

◎ Allen's rule: Wikipedia[DB/OL]. [2020-04-11]. https://en.wikipedia.org/wiki/Allen%27s_rule.

◎ KATZMARZYK P T, LEOMARD W R. Climatic influences on human body size and proportions: Ecological adaptations and secular trends[J]. American Journal of Physical Anthropology,1998:483-503.

第十三章
原來人眼不過是「瑕疵品」？

　　大家對盲點這個詞應該不陌生吧。全人類的眼睛，都存在著這麼一個不合理的缺陷。不過也正是因為這一「設計」缺陷，進化論才多了一個反駁神創論的有力證據。不可否認，人眼是一個精細到無與倫比的設計。雖然我們常把眼睛比作照相機，但它其實遠比照相機複雜得多。而因為無法找到與眼睛有關的化石（眼睛難以形成化石），所以連進化論的創始人達爾文都無法回答有關眼睛形成的問題。

　　也正是達爾文對眼睛的困惑，才使神創論者有了質疑點。在神創論者看來，人眼的結構如此完美，必然不是自然選擇的結果。但事實上，人眼雖結構精巧，卻絕不是完美的。這些缺陷卻反倒成了進化論的有力證據，讓劇情發生反轉。當初盛讚「人眼的完美，只能出於上帝之手」的神創論者，可真是搬石頭砸自己的腳。他們無法辯駁，因為如果他們對此進行辯駁，那就得承認上帝是個「手殘的締造者」。畢竟任憑哪個工程師都不會傻到「將視網膜貼反」，帶來不必要的麻煩。

　　視網膜就像一架照相機裡面的感光底片，專門負責感光成像。當我們看東西時，物體的影像就透過屈光系統，落在視網膜上。所以，視網膜是我們視覺形成的基礎，一旦發生萎縮或脫落等病變，視力就會受到影響。我們的視網膜大致由三層細

胞組成，分別為感光細胞[*]、雙極細胞和神經節細胞。其中感光細胞可將光訊號轉化為電訊號，而雙極細胞則負責分類處理這些電訊號。最後，神經節細胞會把這些分好類的電訊號傳輸至大腦，形成最終影像。

我們知道視網膜這三層細胞的功能後，應該就能推斷出它們在眼球中的位置了。理論上，感光細胞應該在最外側，因為它要接受外界傳入的光訊號。而神經節細胞負責最後將電訊號傳入大腦的最後一步，應該位於眼睛最內側。但我們人眼的實際情況，卻恰恰相反，感光細胞和神經節細胞竟完全顛倒了。試想一下，神經節細胞在外、感光細胞在內的「設計」。當光線射入瞳孔時，要先經過神經節細胞和雙極細胞，最後才能到達感光細胞。那麼這些「擋」在感光結構前的細胞，就會反射或折射光線，使感光細胞成像的品質下降。這就如同在照相機的膠片前面，外貼了一張半透明薄膜。

不僅如此，由於神經節細胞位於光線進入的一側，所以它發出的神經纖維必然會彙聚成一束，反穿眼球再繞回大腦。而在此處，感光細胞是沒有落腳之地的，此處被稱為視神經乳頭。所以這才導致了我們視網膜中有一塊區域無法感光，從而形成盲點。不過，即便有一塊區域是人眼無法捕捉的，盲點也不會降低我們的視覺品質。原因就在於，我們人類是有兩隻眼睛的。雖然每只眼睛都有一個盲點，但這兩個盲點是不重疊的。所以一隻眼看不到的盲區，另一隻眼能看到就行了。

---

[*] 人眼感光細胞包含視桿細胞和視錐細胞，其中視桿細胞負責弱光下的視力，而視錐細胞負責明亮光線下高分辨的成像和顏色辨別。

那麼問題來了，為什麼就算閉上一隻眼睛，我們還是無法察覺盲點的存在呢？

　　現階段最可信的解釋，便是大腦強大的「腦補」功能。人類的大腦會根據記憶和盲點周圍的環境，補全眼前該出現的畫面。而人眼的無意識跳躍和振動（即使我們盯住某個物體，這些動作仍會不斷發生），都有助於刷新圖像使盲點消失。所以，我們只能透過一些手段，才能看到生理上存在的盲點。

　　除了盲點以外，視網膜「設計」上的缺陷還帶來了一系列的眼部疾病。例如為了給神經節細胞和雙極細胞供氧，視網膜表面還布有一層血管網。這些血管會擾亂入射光線。不僅如此，任何出血或淤血都會擋住光路，極其影響視力。這便是我們常說的眼底出血。而人眼的「設計」中，最不科學的還數視網膜的固定方式。因為視網膜被「反貼」了，視網膜與眼球壁之間只有感光細胞頂部與色素細胞層鬆散的接觸，所以視網膜極易脫落。

　　如腦袋遭受一記重拳，或隨年齡增大眼球老化，都可能造成視網膜的脫落。更誇張的是，高度近視眼多翻幾下白眼都可能出現這種狀況。而如果視網膜是「正貼」的話，那神經纖維就會牢牢把視網膜「拉住」，視網膜脫落就沒那麼容易發生了。因此，人眼視網膜的這種「錯誤設計」，也讓許多人困惑。例如英國演化生物學家理查・道金斯就曾說：「任何設計師都能看出人類眼睛的設計是可笑的。」

　　以前神創論者反駁進化論的觀點之一，便是眼睛這種精妙結構只有上帝才能造得出。但隨著科學家找到人眼進化的證據，並發現人眼離奇的缺陷，才實現了進化論的又一次大捷。

而事實上，一直被認為「低人一等」的章魚，它們的眼睛才是一個正確的設計。

如果我們可以抄襲一下章魚的眼睛結構，或許就沒那麼多毛病了。章魚眼睛的複雜程度與人類相當，可以在漆黑的深海中毫無壓力地發現獵物。而且作為無脊椎動物，它們的眼睛在解剖學上也酷似人眼。不同的是，章魚的視網膜是「正貼」的。章魚的感光細胞，就朝向光線進入的方向，而血管、神經纖維等都位於感光部位的後方。所以，這些神經可直接連到大腦，無須穿透視網膜，再繞路回大腦。這不但使神經迴路更短，而且視網膜被這些神經纖維拉住也不會那麼輕易脫落了。

既然如此，是什麼原因導致人類沒能進化出類似章魚的眼睛呢？其實不只人類，所有脊椎動物眼睛採取的都是「倒裝」的方式。而我們視網膜的倒置，還得從一個名為 PAX6 的古老基因說起。脊索動物門，頭索動物亞門的文昌魚就比任何脊椎亞門的動物保留了更多的祖先性狀，是難得的活化石。文昌魚身體的含水量很高，高度透明，有一條捲入體內的神經索貫穿頭尾。受 PAX6 基因控制，神經索的頭端有一個杯狀凹陷，裡面分布了兩列感光細胞，稱為「額眼」（Frontal eye）。

因為這個額眼並非長在外面，而是隨著神經索進化被捲入體內，發生了翻轉，所以額眼左邊的感光器官要穿透組織看右邊，同樣右邊的感光器官則要穿透組織看左邊。就好比我們透過後腦勺看東西，這也是脊椎動物內外顛倒的眼睛的「原型」。脊椎動物胚胎發育的早期階段，就重現了文昌魚「額眼」的整個過程。即將發育成眼睛的凹陷來自內捲的神經管，左「眼」朝右，右「眼」朝左。只是隨著組織越來越不透明，脊椎動物

就再也不能左眼看右，右眼看左了。之後，雙眼的凹陷處便發生了第二次翻轉。而且隨著翻轉程度加深，一部分體壁上的細胞會填入凹陷，發育為角膜、玻璃體、晶狀體等屈光結構，最終成為現代的眼睛。

所以不難看出，脊椎動物的眼睛進化方式早早地決定我們的視網膜顛倒了。此後脊椎動物更複雜的眼睛，也只能在這個結構上稍做修飾，已無力回天了。這也再一次印證了進化的普遍規律：新結構都來自舊結構，不能憑空出現。不過即便我們的眼睛看上去並不完美，但它也有自己的聰明之處。前文說到，擋在人眼感光細胞前方的一些細胞層等，會干擾到成像效果。在人類的進化過程中，也發展出了相應的優化措施——黃斑。黃斑是視網膜上的特殊區域，當我們凝視某一點時，它的圖像就正好聚焦在黃斑上。而在黃斑處，雙極細胞、神經節細胞連同它們發出的神經纖維，以及視網膜表面的血管網和神經纖維等，都會向四周避開。如此一來，視網膜就會在黃斑處形成一個凹陷，這個凹陷被叫作「中央凹」。在此處，感光細胞可以不被遮擋地接受光線的直射，能最大限度地消除其他干擾。

所以當我們瞄準某一區域時，人眼的解析度和成像能力能達到「高畫質」級別。而我們平時檢查視力，查的便是黃斑區的中心視力。

鷹和人一樣都「貼反」了視網膜，但透過黃斑和晶狀體，它們可以毫無壓力地看見幾百公尺甚至上千公尺外的獵物。這說明了「貼反」視網膜並不妨礙高度清晰的圖片的形成。而對人類來說，影響圖像清晰度的主要還是晶狀體的聚焦能力，

與視網膜的朝向關係不大。只要注意不用眼過度,好好保護雙眼,視網膜脫落、眼底出血和盲點等基本不會出現。

參考資料:

◎ 朱欽士.「反貼」的視網膜,生物學通報 [J].2015.

第十四章
為什麼人類有 46 條染色體，
猩猩卻有 48 條？

　　人類有多少對染色體？大家都能脫口而出 23 對，46 條。但卻很少有人去思考為什麼。人類與黑猩猩，大約是在 500 萬年前「分道揚鑣」的。然而，現代黑猩猩的染色體數，卻是 24 對，比現代人類整整多了一對。除了黑猩猩，其他類人猿如倭黑猩猩、大猩猩等都是 24 對染色體。這也意味著，在過去 500 萬年間人類丟失了一對染色體。那麼，我們是怎樣弄丟了這一對染色體的？

　　細想這個問題，可能會讓人不安。因為基因突變以及染色體突變，往往意味著各種可怕的遺傳病。關於染色體異常，我們最熟悉的莫過於唐氏症了。因 21 號染色體多出一條，這也被稱為 21- 三體症候群。每 600 個嬰兒中，就有一個患有唐氏症。患兒會出現特殊的唐氏面容，以及伴隨著各種身體機能缺陷和幾乎無法避免的智力低下。別說是染色體數發生了變化，就是一小段基因的變異都可能招致嚴重的後果。

　　不過，除了這些發生在個體身上的悲劇以外，對全人類來說，染色體異常導致的無法孕育後代才是最致命的，因為這會影響到人類傳宗接代的大事。既然難以孕育後代，人類又是透過何種途徑丟失掉這兩條染色體的？這種種問題，也讓陰謀

論者有機可乘。他們認為人和猿之間染色體數的差異，是進化論無法逾越的鴻溝，進而可推翻物種起源說。他們會質問，第一個擁有 46 條染色體的人類祖先是怎麼存活，並產生可育後代的？此外，陰謀論者還煞有介事地計算了一下成功機率，以「可能性極其微小」為論據，宣布進化論「破產」並推出神創論。

但再認真地想一下這道生物題，答案又是淺顯的。

染色體是由 DNA 和蛋白質組成的，它只是基因的載體。其實更重要的，還是染色體上面承載著的資訊。只要存在著正確數量的遺傳物質，這些遺傳物質要如何排列組合，其實並沒有想像中的重要。例如，在 2018 年，中國科學家就創造出了只擁有一條「16 合 1」染色體的酵母。最常見的釀酒酵母，本來擁有 16 條染色體，但在科學家的設計和操作下，這 16 條染色體融合成了一條。儘管染色體的包裝與立體結構都發現了大幅改變，但這種人造酵母的基因總量與野生型酵母幾乎無異，功能表達也完全正常。這再次顯示了，染色體排列組合的重要性被高估了。

事實上，人類也發生過類似的染色體融合事件。科學家已經發現了，相對於猩猩，人類確實丟失了兩條染色體。但這兩條染色體上承載的基因，卻沒有丟失。那對丟失的染色體，其實是與另一對染色體融合在了一起——人類的第二大染色體，即 2 號染色體，就是由兩條染色體組合而來的。早在 20 世紀 90 年代，研究人員就發現：黑猩猩的兩條染色體的帶型可以大致拼接成人類的 2 號染色體。

所以黑猩猩的這兩條染色體也被稱作 2A 和 2B 染色體。

而按長度排序，黑猩猩的 2A 和 2B 則為第 12 號和第 13 號染色體。邁入 21 世紀，基因定序等技術的發展也提出了決定性的證據。透過細緻的基因定序與對比，科學家發現人類 2 號染色體和黑猩猩未融合的染色體相匹配，證據確鑿。別說對比，科學家甚至還能大致重構出人類 2 號染色體融合前的模樣，以及它之後發生的變化。

這種染色體融合的現象，是非常常見的。染色體變異確實可能招致無法挽回的健康問題。而我們也幾乎可以肯定，每一對染色體在減速分裂時都可能發生異常，多一條、少一條、缺一段、添一段的現象幾乎每時每刻都在發生。但並非所有的染色體變異，都會帶來嚴重後果。例如，若是染色體近端著絲粒發生易位，那麼後代就有可能為健康個體。這種易位也叫作「羅伯遜易位」（Robertsonian translocation），分為平衡易位和不平衡易位。

其中的平衡易位，主要遺傳物質並不會發生丟失。而絕大多數的羅伯遜易位都屬於平衡易位，個體的智力和表現型都是正常的。在全人類中，大約有千分之一的人為羅伯遜易位攜帶者（雜合子），即便這些人只擁有 45 條染色體，但放在人堆裡面根本看不出區別。一般來說，羅伯遜平衡易位攜帶者，都是到了備孕時才會發現自己的與眾不同。這與減數分裂有關，他們產生的配子中一般分為 6 種類型。其中，只有兩種類型的配子，能與正常人的配子結合產生健康後代。所以，通常會有 2/3 類型的配子，會在懷孕過程中夭折，以孕婦的極早期流產告終。事實上，很多人就是因為習慣性流產，才被檢查出是平衡易位攜帶者的。

而他們產生的健康後代中，一般有 50% 的機率其染色體數與常人一樣，也有 50% 的機率仍為羅伯遜易位攜帶者（擁有 45 條染色體）。這也要具體看易位發生在哪條染色體上，發生在 21 號和 14 號染色體中的羅伯遜易位，可能會產生的 6 種類型的配子與正常人的配子結合後有 3 種無法存活，1 種會導致唐氏症候群，2 種健康型中有 1 種仍為羅伯遜易位攜帶者。

　　那麼，染色體能否成對丟失而不影響健康？在中國就曾報導過這麼一個罕見的案例，那是一位只擁有 44 條染色體的奇男子。他的 14 號染色體和 15 號染色體就融合在一起，屬於羅伯遜易位的純合子。但除了染色體數量不同外，他的生理指標都是完全正常的。這也意味著他的遺傳物質總量是不變的，和普通人無異。

　　那他的 44 條染色體是怎麼來的？

　　原來他的父母，都是羅伯遜易位攜帶者，他們之前的關係為表親，所以該名男子是父母近親婚配所生。事實上，該名男子的母親也曾經歷過多次自然流產，而他的家族也有很普遍的流產史。儘管染色體數目不同，但這名男子與正常人類是沒有生殖隔離的。只是他們生育的後代將會重蹈祖父母的覆轍，成為擁有 45 條染色體的羅伯遜平衡易位攜帶者。

　　那要怎麼克服這一問題？儘管機會渺茫，但只要他遇到同樣擁有 44 條染色體的女孩，這一染色體的排列方式就能穩定遺傳下去。而從理論上來說，這名男子只要找到同類婚配，就可能成為一個新的人類亞種了。

　　是不是很神奇？但這種混沌狀態在現有物種中也很常見。例如，亞洲水牛就有兩個亞種，河流水牛染色體數目為 50 條，

沼澤水牛染色體則為 48 條。原因是沼澤水牛的 1 號染色體，為河流水牛的 4 號和 9 號染色體融合易位形成的。它們的遺傳物質也是相互對應、相容的，只是兩個亞種的雜交後代擁有 49 條染色體，且生育能力低下。

再放眼到整個動物界，現存所有生物的染色體數目差異都是巨大的，而這些物種都能追溯到同一個祖先。所以說，從整個演化史的尺度來看，染色體數目變多或變少就更平常了。這樣看來，人類祖先從 48 條染色體變成 46 條染色體就再普通不過了。說到這，可能有人就會想入非非了。那人類和黑猩猩屬於近親，還只差兩條染色體，能交配產生後代嗎？

沒有人做過這種試驗，或者很久之前我們的祖先是可以的，但現代人類很可能是不可以的。人類的基因在過去已經發生了翻天覆地的變化，特別是黑猩猩的 Y 染色體與人類更是相去甚遠。所以說，染色體這個「容器」沒想像中那麼重要，上面的基因才是重點。

最後，回到問題的最初，人類為什麼要從 48 條染色體變成 46 條染色體？其實，46 條染色體並沒有帶來明顯的優勢，甚至可能造成繁育後代的困難。但我們可以大膽猜測，這種染色體的融合，可能創造出了一些有優勢的新基因。這也許能讓我們的祖先受益，並透過自然選擇得以傳播開來。不過，目前還沒發現證據支撐這一假說。

而另一種可能，就只能歸結於運氣了。在遺傳學中就有個概念叫奠基者效應。從 48 到 46，可能並沒有產生什麼有用的新基因。但剛好，這些變異成 46 條染色體的個體，都集中在了一個相對孤立的環境。在那個年代，絕大多數的人類祖先都

有 48 條染色體。但因為各種極端的原因，或天災或人禍，這所有擁有 48 條染色體的人類都滅絕了，最後只剩下與世隔絕的 46 條染色體人類保存到了最後。再後來，這單一血脈也開枝散葉，遍布全球，所以才有了我們。

這確實是一件非常幸運的事，但也並非不可能發生，畢竟人類在過去就已經經歷過無數次這種浩劫了。我們能活著，本身就幸運得讓人難以置信。

參考資料：

◎ GARTLER S M.The chromosome number in humans: a brief history.nature[J]. Nature Reviews Genetics,2006,7(8):655-660.

◎ SHAO Y Y, LU N, WU I F,etal. Creating a functional single-chromosome yeast[J]. Nature,2018,560(7718):331-335.

◎ LEWIS R,Phd.Can a Quirky Chromosome Create a Second Human Species?. PLOS Blogs. https://dnascience.plos.org/2016/01/21/can-a-quirky-chromosome-create-a-second-human-species/.

◎ WANG B, XIA Y I, SONG J P.Case Report: Potential Speciation in Humans Involving Robertsonian [J]// 第十二次全國醫學遺傳學學術會議論文彙編，2013:83-84.

◎ Zhao WW,Wu M,Chen F,etal.Robertsonian translocations: an overview of 872 Robertsonian translocations identified in a diagnostic laboratory in China[J].PLOS One,2015.

第十五章
「愛上」這群笨蛋的人類祖先，給現代人留下了一個遺傳病「大禮包」

在生物學中，我們普遍認為跨物種之間的戀愛，註定是無法開花結果的。這其中最重要的原則就在於，兩個物種間存在著生殖隔離。在生物課上，老師就經常拿馬和驢雜交產生的不可育後代——騾子，來當「違反倫理不會有好結果」的典型案例。

不過這看上去無法逾越的生殖隔離，有時候也並非如此不近人情。由北極熊和灰熊（棕熊）雜交產生的後代灰北極熊，就是個例子。隨著全球變暖，北極冰蓋融化，苔原不斷擴大，灰熊勢力也開始不斷向外擴張。在這種情況下，北極熊與灰熊這兩個本老死不相往來的物種就相遇了。很快，一個全新的物種灰白熊*，就誕生了。重點是這些「混血兒」，竟都具備完整的生殖能力，可產生後代。

除了灰白熊，還有罕見的鯨豚（海豚與偽虎鯨雜交）、雜交斑馬（Zebroid，斑馬與馬或驢雜交）。然而令人意想不到的是，這種神奇雜交竟也發生在數萬年前，我們的祖先智人

---

* 幾乎所有的灰白熊，都是老爸是灰熊，老媽是白熊。因為公灰熊生性好動活動範圍大，全球變暖後它們就蹓躂到了北方，遇到了母白熊。

與尼安德塔人 [*] 之間。常識一直告訴我們，人類是地球上獨一無二的，與尼安德塔人是不同的物種，不可能產生後代。然而 DNA 測序技術，卻成功證明了智人曾與尼安德塔人大規模交配，並產生了後代。而這場史前的「豔遇」，竟給我們現代人帶來了一大堆麻煩的疾病。

在動畫電影《古魯家族》（The Croods）中，尼安德塔人少女小伊（Eep）與我們的祖先智人少年蓋（Guy）就一起玩耍、狩獵，最後還談了一場轟轟烈烈的戀愛。其實這樣的情節並不是導演瞎編，在遠古確實有可能發生。如果在這部作品的續集中，小伊為蓋生下一個「混血兒」後代，那也是一點兒都不意外的。只是現實總要比影視作品來得殘酷，我們仍難以想像當年的尼安德塔人究竟遭遇了什麼。

1856 年，一批礦工就在德國北部尼安德河谷（Neander Valley）的一個洞穴內，發現了一批古人類化石，包括 16 塊骨骼和一個頭骨。輾轉幾次，這些骨頭終於到了科學家手中。你沒猜錯，這便是尼安德塔人的殘骸。雖然人們之前已經發現過其他尼安德塔人骨化石，但都不被重視。而這一副被稱為「尼安德塔 1」的化石，卻適逢趕上了達爾文《物種起源》的暢銷。這直接激起了人們對這些古人類化石的紛紛議論。自那一天起，科學家對尼安德塔人的研究就沒有停止過。

其實尼安德塔人與現代人在外貌上的差異不算大，其最明顯的特徵不外乎是高高的眉弓和突出的後腦勺。如果給他打扮打扮放到人群中，也不一定有人認得出來，頂多會覺得這是個

---

[*]　一種 3 萬到 12 萬年前居住在歐洲及西亞的古人類。

粗獷的農民。

不過在體型上，尼安德塔人就與智人就有著明顯的差異了。

粗大的骨骼、強壯的肌肉和更強大的脂肪代謝等優勢，都使尼安德塔人在惡劣的環境中得以進一步朝各個方向擴張。根據「走出非洲模型」，當我們的祖先智人仍在非洲大陸「玩泥巴」時，尼安德塔人就已經率先離開非洲大陸，去征戰世界了。大概在 40 萬年前，他們就遷徙到現今西歐一帶。據目前研究，他們甚至還一度到達了遙遠的西伯利亞西端。但奇怪的是，這些在歐洲繁衍生息了幾十萬年的尼安德塔人，卻在大約數萬年前開起了倒車。他們的領地快速地收縮，最後只能龜縮在法國南部、西班牙和葡萄牙一帶。

大約到了 2.8 萬年前，尼安德塔人就徹底種族大滅絕了，只剩一堆骸骨。尼安德塔人走向滅絕的時期，與智人走出非洲進入歐洲的時期重疊。雖然很殘酷，但科學界仍不得不得出這樣的結論：尼安德塔人的消失，必然與智人有關。尼安德塔人與現代人身高已相差不大，卻比現代人更孔武有力。可是，對比一下智人與尼安德塔人的體型，我們很容易就會發現新的問題。

尼安德塔人可比當時的人類強壯得多，智人又憑什麼撂倒這群壯漢？種種跡象，彷彿都指向一個解釋——是尼安德塔人自己蠢死的。

確實在頭一百年的研究裡，尼安德塔人都被我們貼上「愚蠢的蠻人」（dumb brutes）的標籤。因為，透過最開始尼安德塔人的化石復原，我們瞭解到尼安德塔人是一個佝腰曲背、膝

蓋彎曲、脖子短粗、頭骨傾斜的人種。而刻板印象中，體型壯碩也總與愚蠢掛鉤，連《古魯家族》中刻畫的尼安德塔人一家都是傻呵呵的。

這種情況下，尼安德塔人被我們歸為人類進化失敗的一個分支，看上去就合情合理了。但隨著研究的深入，人們在近幾十年內才發現，智人還真的沒比尼安德塔人聰明多少。透過對大量的尼安德塔人頭骨的研究，科學家測算出他們的平均腦容量居然有 1575 毫升，而智人的腦容量也不過 1350 毫升。尼安德塔人的腦容量比智人大了差不多有一罐可樂那麼多。所以在腦容量上，可以說是尼安德塔人略勝一籌。當然，光拿腦容量說事是站不住腳的。只是，從其他方面看，尼安德塔人確實也都與智人不相上下。

從考古發掘研究來看，許多被自詡為現代人獨有的技能他們都有。群居、有社會體系、會穿衣用火、會製造和使用工具等自然不用多說。此外，尼安德塔人雖然五大三粗，但也同樣「有文化」。許多研究者認為他們會像我們一樣思考、有語言，會用音樂、裝飾品和符號來豐富自己的世界。甚至連我們現代人獨有的殯葬儀式，他們都做到了。

第一次發現「非人類埋葬死者」的案例就發生於 1908 年。當時一具相當完整，明顯被精心埋葬過的尼安德塔人骨架在法國被發現。他的墳墓被挖掘成類似乳房的形狀，死者身體被擺成胎兒的姿勢並被嚴密地包裹起來。除此之外，不少被考古學家挖掘出來的尼安德塔人骸骨旁，都有花粉出現的痕跡。人類學家認為，這些花粉很可能就是殯葬儀式的證據。或許尼安德塔人死後被埋葬時，親人也會在旁邊點綴五顏六色的花朵，這

與現代人的葬禮已十分相似。但無論尼安德塔人有多強大，都逃不開命運的「齒輪」——他們還是被智人撞上了。其實在十萬年前，我們智人就曾試著第一次走出非洲。然而，因為某些原因，或是水土不服或是敵人太強大，所以智人的第一次遷徙失敗了。

但無論哪種原因，都能從側面印證智人當時是不敵尼安德塔人的。所以智人只能在撒哈拉以南又蟄伏了數萬年才走出非洲。這次，智人就以所向披靡之勢，來到了尼安德塔人的地盤。只是到目前為止，人們還未能搞清楚：這些智力發達，又比人類強壯的尼安德塔人是出於何種原因，才被逼上了絕路的。

不過兩個人種在大規模接觸後無非也就有這幾種情況發生：要麼相愛，要麼相殺，要麼相愛相殺。第一種較美好的猜想是，這兩個人種一見鍾情，相親相愛來個大規模的染色體交換。但這個猜想有個致命的缺陷：就目前的考古證據來看，沒有任何晚於距今 3 萬年的尼安德塔人骨骼和聚居點被發現。而兩個人種的融合必然是個漫長的過程，這根本無法解釋為什麼尼安德塔人在某個時間點突然滅絕。第二種情況則比較現實，便是兩個人種勢如水火，發生了不可調和的矛盾與衝突。最後的結果是我們智人勝出，尼安德塔人則遭遇了滅頂之災。只是，他們是被屠殺後淪為盤中餐，還是被驅趕到環境更為惡劣的地帶活活餓死，我們就不好猜測了。而第三種情況，便是在兩個物種鬥爭的時候，有的人卻偷偷交配了。所以，在尼安德塔人徹底消失前，他們也給我們智人留下了一份禮物——他們的祖傳基因。

透過有目的性的大區域核 DNA 富集實驗，研究人員發現

被試（一個歐洲現代人）竟含有 6% 到 9.4% 的尼安德塔人基因。這個比例意味著什麼？大概暗示著這位被試僅數代之隔的祖先就是位純正的尼安德塔人。除了極少數的撒哈拉沙漠以南的土著外，幾乎所有現代人都是純種智人和尼安德塔人的混血後代。那麼，究竟是兩個物種情到濃時完成自然的「大和諧」，還是發生了大規模的殘忍暴行，就留給大家自行想像了。

古人類並不刷牙。《*Nature*》雜誌上的一篇論文指出，透過對三位 5 萬年前的尼安德塔男人進行牙菌斑測序，科學家們竟意外發現他們曾與智人親吻過。事實上，除了人類以外，幾乎所有的動物交配時都是不親吻的。而且交配時會親吻的人類也只占了大約 46%。如果你願意相信這種唾液交換比赤裸的暴行溫柔，那還能讓我們對殘酷的古人類多一絲溫馨的遐想。

不過，在我們現代人看來，尼安德塔人留在我們體內的基因，就不那麼溫馨了。已有研究表明，這些來自尼安德塔人的古老基因，與現代人某些疾病風險密切相關。抑鬱症、過敏、肥胖、色素沉澱、尼古丁上癮、營養失衡、尿失禁、膀胱疼痛、尿道功能失常，以及紅斑狼瘡等自身免疫疾病……幾乎從頭到腳，這些疾病通通都與尼安德塔人的祖傳基因脫不了干係。

雖然這些疾病在我們看來是很討厭的，但在數萬年前這些基因卻極有可能是帶領我們智人祖先走出洪荒的關鍵。例如一個基因能帶來更強的凝血功能，這種效應對狩獵為生的人類祖先就極其重要。凝血功能的強大，也就意味著能大大降低外傷和生育引起的出血死亡概率。只是對現代人來說，這個基因卻意味著更容易引發心臟病和中風。再比如，一個基因變異能增強人類祖先的免疫反應。這在過去同樣是件好事，因為在衛生

條件惡劣的環境下，更強的免疫反應可以更高效地對抗各種病菌、病毒和寄生蟲的滋擾。然而，在衛生條件得到改善的現代社會，更嚴格的免疫系統往往意味著過敏和紅斑狼瘡等自身免疫病。

　　所以，如果我們祖先沒有引入這些基因以適應環境，智人或許也同樣會淪為人類進化史上一個失敗的分支。只是人類進入文明社會後，這些基因才逐漸落伍，甚至開始扯我們現代人的後腿罷了。如果此刻，我們還抱怨祖先智人與尼安德塔人的那些風流韻事，就顯得有些忘恩負義了。

參考資料：

◎ DUTCHEN S. Neanderthals' Genetic Legacy. Harvard Medical School News. [EB/OL]. [2014-01-29]. https://hms.harvard.edu/news/neanderthals-genetic-legacy.

◎ 小小 . 殮葬是現代人獨有儀式？原始人或許早就這樣做了 . 網易 科 技 . [EB/OL]. [2017-12-12]. http://tech.163.com/17/1212/00/D5DPCSME00097U81.html.

◎ 付巧妹 . 古 DNA 研究揭示一歐洲早期現代人的祖先曾與尼安德特人混血 [J]. 化石 ,2015,(03):82.

大腦的「正確打開方式」

第一章
立體還是平面？
究竟是眼睛看錯了還是大腦在撒謊？

　　不可否認，每個人都對神奇的視錯覺圖片充滿好奇心。伴隨著視錯覺藝術的發展，人們似乎不再局限於平面的視錯覺圖片了。利用特殊形狀與視角，騙過我們大腦的視錯覺藝術作品近年來出現了不少。比如，一根小棍可以穿過正方體的三個平面。可真相卻令人震驚，因為它壓根兒就不是標準的正方體。

　　但就算你知道其中的真相又怎樣，還是沒法說服自己的眼睛。那人眼究竟有什麼缺陷才會在識別立體事物時出現這樣的幻覺？

　　必須要使用一定的手段，大腦才能反應過來自己又被騙了。有意思的是，人類卻常常用這些立體錯覺，來證明大腦的實力。相信很多人看過「旋轉的舞女」，以及與它相關的測試分析。還記得你第一眼看到她時，你覺得她是順時針還是逆時針轉？

　　如果你看見她是順時針轉，說明你善於運用右腦；如果是逆時針轉，說明你更善於使用左腦。如果你能看到兩個方向且能自由轉換，那麼你就是智商逆天的天才了。據說耶魯大學耗時 5 年的研究發現，只有 14% 的美國人才能做到。根據所給出的答案，很多人用左右腦、性格、情緒理論對這一答案進行解

釋。

不過很抱歉，所有的解密都是無稽之談，這是一種視錯覺而已。

「旋轉的舞女」實則是日本廣島大學 1995 屆經濟學系畢業生設計的。作為一名 Flash（互動式向量圖和 Web 動畫）專家，他利用 34 到 36 張「模棱兩可」的歧義圖片設計出了這樣的動圖。如果你最先看到的是逆時針轉，那麼你肯定是將她看成左腳支撐的。所以無論你看到什麼，這都和你的壓力、智商，以及慣用左腦或右腦沒有關係。

那麼，為什麼一開始大家看到的方向不同呢？

其實，這個旋轉的舞女本來的名稱叫作「剪影視錯覺」。其原理很簡單，因為該圖並沒有提供足夠多的訊息告訴大腦是往哪個方向轉，所以大腦在試圖判讀此圖的空間深度時，就會主動幫我們補上深度。

可為什麼憑藉物體在人眼中的投影，不能判斷出外在物體的原貌呢？這是視覺系統面對外在世界時產生的光學逆源問題造成的。外在世界中紅色線條的兩種旋轉方法，會在視網膜上造成幾乎相同的投影。視網膜上資訊是平面二維的，而這些二維的資訊並不足以建構出外在的三維立體世界。所以，大腦很難光靠投影就判斷出外在物體的原貌。

總算知道了「旋轉的舞女」背後的真實奧祕了吧。除了這個剪影錯覺外，網路上一直盯著人看的小恐龍也常被人議論。看起來怪嚇人的，但它只是暴露了視覺系統一個重大的 bug（漏洞）。也就是，我們的眼睛偏愛將凹陷的形狀，看成是凸起狀。可就算你知道這種紙模的頭部是凹陷的又怎樣，你敢說你能擺

脫它「迷人」的注視？

答案是不能的。那這是為什麼呢？假如恐龍的臉是正常的，當我們向左挪動幾步，我們會看到恐龍右臉的更多部分，左臉則會被擋住。然而，由於恐龍頭部是凹陷下去的，所以當我們向左挪動時，我們實際看到了恐龍更多的左臉，而右臉反而被擋住了。此時，大腦自動「腦補」出的解釋是：恐龍的臉肯定是跟著你動了，且比你動的幅度還要大。當然，這群「磨人」的小恐龍轉到一定角度時，就露餡了。

一直以來，人們將把所見的物體看成凸起的凹臉錯覺視為一種普遍的傾向。只不過，我們並不能很好地解釋其出現的原因。回想一下，當我們在一定距離之外觀察其他物體，都能產生類似的錯覺。其中最為典型的例子便是空想性視錯覺——一種「腦補」過多帶來的知覺現象。然而凹陷的臉更為特殊，因為它產生的錯覺特別強烈。實驗發現，相比造型隨意的凹陷物體，凹陷的人臉模型產生的錯覺明顯更強，甚至將人臉模型倒置都會減弱把凹陷看成凸起的傾向。

觀察者必須靠得更近才能消除錯覺的影響。比如在 3D 人臉模型中逐步加入干擾使其失真，才能讓凹臉錯覺隨之減弱。其實人類對視覺資訊處理有一種特殊的加工方式，即「自上而下的處理方式」（top-down process）。因為你的感知受到期望、現有信念和理解的影響，所以這種處理方式又被稱為概念驅動處理。

大多數情況下，此過程在沒有意識的情況下發生。只有在某些情況下，你才能察覺到它所帶來的影響。史楚普效應便是它帶來的。當你閱讀一段文本時，你可能會發現自己甚至沒有

注意到錯別字。因為在你閱讀時，前面的文字提供了你可以期待下一步閱讀的內容。至於如何形成對新事物的知覺，則需要煩瑣複雜的自下而上的加工方式。

　　大腦需要仔細加工眼前的事物，再將細節組合起來，一磚一瓦地構建。事實上，凹臉錯覺則可以看成是大腦「偷懶」的過程。因為它不想進行自下而上的加工，就隨便匹配新的事物糊弄過去。有時候為了偷懶，它還會忽略一些事物的細節差異，將新事物強行匹配上去。甚至光影資訊出現矛盾，大腦也會透過經驗讓我們感知到凸出的人臉。

　　這樣一來，它就能省去加工凹臉認知過程了。當然，除了臉，缺乏細節的其他物體也容易被看成是凸起的。儘管凹臉錯覺的作用很強，但人們發現精神分裂患者可以不被其騙過。因為精神分裂患者的認知加工方式出現異常，不具備產生凹臉錯覺所需的要素了。

　　你還相信人類所說的「眼見為實」是可靠的嗎？有趣的是，視錯覺藝術也都是人類自己創造的。雖說它證明了人眼認識事物是存在 bug 的，靠不住的，但不得不說，它帶給我們的神奇體驗也是獨一無二的。伴隨著時代的變化，視錯覺藝術也不斷推陳出新，花樣百出。

　　不過，要是能設計出這些迷惑別人的視錯覺圖，也證明了自己的高智商。

參考資料：

◎ MUNGER D.Some insight into how the hollow-face illusion works：

Science Blogs[EB/OL]. [2009-07-14]. https://scienceblogs.com/cognitivedaily/2009/07/14/some-insight-into-how-the-holl.

◎ CHERRY K.Top-Down Processing and Perception:Very well mind[EB/OL]. [2020-03-25]. https://www.verywellmind.com/what-is-top-down-processing-2795975.

◎ Hollow-Face illusion: Wikipedia[DB/OL]. [2020-01-16]. https://en.wikipedia.org/wiki/ Hollow-Face_illusion.

◎ 劉宏, 李哲媛, 許超. 視錯覺現象的分類和研究進展 [J]. 智慧系統學報, 2011,6(01):1-12.

第二章
如何科學地討論一個人的顏值高低？

有一種心理學效應，就叫作「美即是好」（what is beautiful is good）。人類，總是傾向於將美貌與其他積極的品質聯繫在一起。從出生到進墳墓，坐擁美貌似乎就等於坐擁各種好處。從呱呱墜地起，更可愛的嬰兒就能得到成年人更多的關注與照料，死亡率更低。在學齡時期，漂亮的孩子也更能得到老師的認可。他們犯錯時會受到更少的懲罰，且更易被委任為領導者。而到了成人社會，更具吸引力的人，也讓人覺得競爭力更強。善於社交、更有親和力、更專業都是他人強加的評價。因此，長得好看的人，也更容易獲得更高的薪水與更快的職位提升。反正，相對醜孩子的處處碰壁，漂亮孩子總能獲得更多來自世界的善意。

我們該如何定義美？

在不同文化背景下，美有很多種。這也是為什麼我們總是能在網路上看到此類爭吵，但人類對面孔的審美，又是如此高度一致。我們本身就具備一種能力，可以快速分辨出哪些面孔更美。

在 20 世紀，有科學家就證明了這一事實，主要實驗對象為未受塵世所染的嬰兒。例如，在嬰兒面前分別擺放兩組成年人判定為「美」和「醜」的面孔照片。結果發現，嬰兒凝視時

間更長的面孔，正是成年人認為美麗的面孔。嬰兒對面孔的反應，尚未受文化背景影響。而且，這種審美偏好與面孔的種族、性別也無關。這表明了，人類對面孔美醜的判定，是存在一種先天機制的。

進化心理學認為，人類在長期的擇偶競爭中，就已發展出對面孔的偏愛。而關於美的判定，其背後或許還存在著一套普遍適用的公式。那麼這條「美的公式」，具體是怎樣的呢？20世紀70年代，學術界就已經出現關於「顏值」的研究了，科學家嘗試著解答什麼是美。

當然，我們也找到了一些參考答案。

顏值的高低，對應著一個專業名詞──「面孔吸引力」（facial attractiveness）。它是指面孔所誘發的一種積極愉悅的情緒體驗，並驅使他人產生接近意願。顏值越高，越能誘發愉悅並讓人更想親近。關於美這一議題，1878年法蘭西斯·高爾頓爵士（Sir Francis Galton）就做了一場驚豔四座的演講。在演講過程中，他展示了一種名為「複合攝影」（composite photography）的新技術。

具體做法是將不同人的面孔照片，投射到同一張相片底片上，由此得到一張複合的、平均的面孔。而他最初複合平均臉的目的，就是為了將不同「種類」的人視覺化，以求找到這類人的共同特徵。例如，高爾頓認為將多張犯罪分子的照片複合，就能揭示罪犯的真面目了。他期望自己的這項技術，能用於輔助醫學或犯罪學。但讓大家驚訝的是，合成出來的面孔非但沒有面目可憎，反而格外俊朗。他用同樣的方法，又處理了一批素食主義者的照片，同樣得到了一張更美的面孔。

當年用的方法，還是比較簡陋的。到 20 世紀末，電腦技術足夠發達時，科學家才提出了「平均臉假說」（Averageness Hypothesis）。利用電腦技術的輔助，多項研究都證明了「平均化的臉」更具有吸引力。而關於平均臉假說，其背後也有著一套演化邏輯。我們在擇偶時，總是傾向於找出具有最少極端特徵的配偶，包括外觀和行為等。因為，極端或不尋常的特徵，總是暗示著變異。這種傾向也被稱為「koinophilia」，古希臘語「喜愛平均」的意思。在擇偶過程中，選擇更平均化的臉，可以避開一些不利的突變。

　　需要注意的是，這也並不意味著面部結構越平均化的臉，面孔吸引力就越高。一個更新的觀點是，儘管平均化的面孔更具有吸引力，但最有吸引力的面孔並不是完全平均的。但無論如何，只要你的臉足夠平均化，你離「美女、帥哥」這類評價就不遠了。

　　不過，沒有平均臉也不要緊，平均只是美的一個促成要素，而對稱性（symmetry）也是。所謂對稱性，即一張臉的一半與另一半的相似程度。電腦圖像研究就表明，只需增加面孔的對稱性，就能增加其吸引力了。我們常說的「五官端正」，其實很大程度就是在說左右對稱的問題。

　　想要獲得一張迷人的對稱臉，並非「左一左」、「右一右」直接鏡像翻轉那麼簡單。粗暴的處理，反而會造成面部特徵值的變形，如鼻頭變大就會降低顏值。而用一種更複雜的影像處理技術，將原始面孔與鏡像翻轉的面孔進行平均化處理，這樣獲得的對稱面孔，才更具有吸引力。我們經常在網上看到「對稱性是檢驗美貌的標準」之類的貼文，但所用方法是錯誤的。

儘管人類發育的預設模式，是對稱性的。但在現實中，我們每個人的臉都不是嚴格對稱的。體質人類學就有一個概念叫「波動性不對稱」（fluctuating asymmetry），指相對於雙側對稱性的細微隨機偏離。這種波動性不對稱，反映了個體發育過程中的不穩定性。它與人類多種疾病相關，如近親繁殖、早產、精神障礙和發育遲滯等都會增加這種不對稱性。而過去有研究就表明，男性身體的對稱性與每次射精的數量、精子速度呈正相關性。

　　面孔的對稱程度，正是一種可判斷個體基因品質的線索。越對稱的形態，則暗示著該個體有更高的「發育精準度」、更強大的基因。即便選擇了頂客族，但我們對美的判定，依然很難逃離基因內對更優秀的基因的渴望。根據這一邏輯，我們甚至可以舉一反三。

　　從演化的歷程看來，更明顯的第二性徵也被認為是更具有吸引力的。步入青春期，我們的第二性徵就會逐漸顯露，這是性成熟的體現。男性發育出更方的下巴、更突出的顴骨和眉骨、更瘦削的臉頰等男性化的面部特徵。而女性則擁有更豐厚的嘴唇、更尖的下巴等女性化的面部特徵。這種兩性差異也叫作「性別二態性」（Sexual Dimorphism），在自然世界中也普遍存在。體現性別化的第二性徵，是在青春期性激素的調控下發育的。這一定程度上說明了，這正是優良基因的可靠訊號，第二性徵明顯更可能被判定為有吸引力。所以按照這一邏輯，男性理應會喜歡具有更加女性化（清秀）面孔的女性。而女性，則更喜歡具有更加男性化（陽剛）面孔的男性。

　　但在現實生活中，我們對男性面孔的審美偏好卻出現了

偏差。

　　大量研究表明，無論男女都偏愛更有「女人味」的女性面孔。然而，女性對於男性面孔的偏好，卻會隨著情景的變化而發生改變。在一些研究中，她們喜歡更有男性特質的男性。但更多的研究表明，她們反而更喜愛面孔偏「清秀」的男性。其實女性在擇偶時，不但會考慮對方的身體健康狀況，還需要權衡其親代投資意願。在自然界中，許多物種本身是不存在親代投資的。這些小動物，剛出生甚至還沒出生，就猶如「喪父」。雄性只提供精子，雌性則還需獨自照料後代長大。在這種情況下，雌性只能更看重雄性的優秀基因，好讓孩子能茁壯成長。

　　但對於一夫一妻制、需要雙親共同照料後代的人類，情況就不一樣了。女性人類除了要選擇「好基因」以外，還要權衡他是不是一位「好父親」。在人類社會中，撫養後代需要耗費的精力是巨大的。如果男性非常不負責任，只提供精子就跑路了，那女性就需要一人將孩子養大。因此，權衡配偶的親代投資意願，就顯得非常重要了。

　　那麼，女性要怎麼知道面前的男人未來是不是「好父親」？這時候，女性化面孔就發揮作用了。對於女性觀察者，男性化和女性化面孔所代表的心理品質是不同的。男性化面孔更多與強勢、花心、缺乏耐心等特質捆綁。而有責任心、體貼、值得信賴、溫和等美好品質，則多與女性化面孔掛鉤。而且，在不同情景下的審美變化，就更能説明問題。相對於長期擇偶的情景，女性在短期擇偶的情景下，更偏好具有男性化特徵的異性面孔。在一個完整的月經週期內，女性在排卵階段會更偏好具有男性化特徵的異性面孔；在其他階段，則更喜歡女性化

的異性面孔。而身處醫療條件落後的地區，女性更偏好具有男性化特徵的異性面孔，更看重男方的好基因。但在發達地區，情況則剛好相反，更女性化的男性反而吃香。

美，其實和萬物一樣，也是一種演化的產物。只是這種普適性的美，並非永遠行得通。因為人類社會是在不斷改變的，而關於美的定義也會一直改變。

參考資料：

◎ DION K K. Physical attractiveness and evaluation of children's transgressions[J]. Journal of Personality and Social Psychology,1972.

◎ LANGLOIS, RITTER J H, ROGGMAN J M,etal. Facial diversity and infant preferences for attractive faces[J].Developmental Psychology,1991.

◎ 徐華偉, 牛盾, 李倩. 面孔吸引力和配偶價值：進化心理學視角 [J]. 心理科學進展 ,2016.

◎ 陳麗君，江潔，任志洪，袁宏 .「陽剛」還是「清秀」更具吸引力？── 對男性面孔二態性不同偏好的元分析 [J]. 心理科學進展，2017,25(4):553-567.

第三章

對一些人來說，
「只有半個大腦」反而活得更好

「大腦是你最重要的器官」——這是大腦告訴你的。相信很多人，都在網路上見到過這個讓人恐懼的說法。

大腦真的那麼重要嗎？

當然啦，如果完全沒有大腦，人不死也是一具行屍走肉。但是，在醫學史上，也總有一些奇案挑戰著人類的認知。

2007 年，一起刊登在英國醫學權威雜誌《The Lancet》（刺胳針）上的病例，就讓世人震驚。一名法國男子 44 歲，是政府公務員。當時，他因為左腿有些毛病才去看的醫生。結果醫生在為其進行大腦 CT 和核磁共振掃描後，驚訝地發現他的腦室內充滿了腦脊液。那些本該正常的腦組織，因腦脊液的擠壓薄得就像一張紙。醫生們認為，這名男子的大部分腦組織，在過去的 30 多年裡已經被腦脊液毀掉了。病史顯示，他 6 個月大的時候，就被診斷出患有腦積水（hydrocephalus），並做了分流手術：一根導流管植入顱腦內，以便排出過多的腦脊液。到他 14 歲時，這個導流管被取出了。或許正是這個原因，該男子的顱內才又開始大量堆積腦脊液，將大腦的灰質與白質都擠壓至顱內兩側。

雖然無法計算這名男子丟失了多少腦組織，但主治醫師當

時就形容「他的大腦幾乎不存在」。而更讓人匪夷所思的是，這位「幾乎沒有大腦」的患者，與正常人並無差別。腦力測試顯示，他的智商為 75，和電影人物阿甘差不多。雖然比普通人的得分略低，但還遠不至於被列入智力障礙行列。而且他的生活過得也很美滿，幾乎沒有受到影響。他已結婚並育有兩個孩子，而且還是一位政府公務人員。這一案例，就算是時隔十幾年的現在提起，依然困擾著科學家。

而在這位「無腦」公務員之前，也有雜誌報導過另一起「高智商無腦人」的案例。

1980 年 12 月，英國的雪菲爾大學神經學教授約翰‧羅伯在《Nature》雜誌上講述了這麼一個案例。雪菲爾大學的校醫發現，一名數學系學生的頭比正常人略大。於是，這名學生便被介紹到羅伯教授那裡，做了進一步檢查。正常人的大腦皮層有 4.5 公分厚，並透過基底核與脊髓相連。而在這位男子的大腦裡，只有不到 1 公分厚的腦組織覆蓋在脊柱的頂端。和開頭案例類似，他也患有腦積水，顱腔內充滿了腦脊液。但不同的是，這是一位數學系高才生，智力測試得分高達 126。他不僅生活正常，還獲得了一流大學的數學學位。當時，羅伯教授的論文就用了這麼一個標題《你的大腦真是必需的嗎？》（Is Your Brain Really Necessary?）。

可惜的是，因為病情屬於個人隱私，這兩個案例都沒有透露患者的資訊。

人類大腦中有 1000 億個神經元。透過把電訊號轉化成化學神經遞質，腦細胞之間可以實現資訊交流並建立起無數複雜的連接。但是大腦並不完全與固定的神經迴路「硬接線」。在

某些特殊情況下，人類大腦並非不可改變。反而，它能進行自我調節、變更分區功能或結構等以滿足現實需求。這也是老生常談的神經可塑性，以上兩個案例就是有力的證明。

但是上述腦積水的案例，並不同於急性的腦損傷。例如，中風的瞬間，大腦區域的供血會被切斷，腦細胞很快死亡。可前面兩個案例，屬於慢性腦積水，多年來病人都與腦積水和諧共處並未見發病的跡象。在這種特殊的情況下，大腦受損的時間是相對漫長的。而其他健康的大腦組織，則能夠慢慢適應，並找到補償受損腦組織的辦法。只是，就連神經學家也難以說清道明人類大腦具體是如何實現這一壯舉的。

如果說上述案例都屬於奇蹟，那麼那些只有半個大腦的人就顯得稀鬆平常了。他們遍布全球，能正常生活，和普通人沒什麼兩樣。因為在對頑固的癲癇進行治療的方案中，有一項外科手術叫「大腦半球切除」（hemispherectomy）。所謂大腦半球切除，就是切除整個腦半球，並切斷胼胝體（連接兩個大腦半球的纖維束）。之後，半個顱腔會被空放在那裡，通常一天之內腦脊液會流進去充滿這個腔體。有的癲癇病人，由於先天發育異常或後天顱腦受傷等原因，導致一側大腦半球失去正常的功能，並形成癲癇灶。而由於癲癇的頻繁發作，患者的健側腦功能也會不停地受損。如果不及時接受治療，病人的病變部位會繼續擴散。最後，連帶本來健康的部分也會開始惡化，癲癇愈演愈烈，直至病人死亡。

儘管癲癇可以透過藥物治療與控制，但仍有大約 1/3 的癲癇患者的病情無法透過藥物得到改善。有的癲癇患者，一天 24 小時就能發作數十次乃至上百次，嚴重地影響生活。只

有在這種情況下，醫生才會考慮對這些患者進行腦半球切除手術。切開人類的顱骨，然後取出半個大腦，這一想法看起來很瘋狂。但是，對這部分病人來說，只剩半個大腦可能比擁有完整大腦要好。

在過去的一個世紀裡，外科醫生已經做了無數次這樣的手術。而令人難以置信的是，這種手術如今已經有 70% 到 90% 的成功率。患者的癲癇將得到控制，性格和記憶也不會受到明顯影響。在手術後，健康的腦半球可以更好地發育，腦功能也會持續改善。如果一個人大腦受到損傷，那健康的部分有時可接管受損部分的功能——甚至是大腦另一半球的區域。

1888 年，一個叫弗雷德里希·高爾茨的生理學家，率先給一條狗做了這個手術。這是歷史上首例大腦半球切除手術，而且沒有危及這條狗的生命。而最早對人類下手的，是一個叫沃爾特·丹迪的神經外科醫生。當時一名男子患了腦膠質瘤，丹迪醫生在 1923 年為其切除了一側顱腔小腦幕上所有解剖結構。術後，他獲得了 3 年的健康，最終因癌症復發去世。到 1938 年，加拿大人肯尼斯·麥肯錫首次透過切除大腦右半球，治癒了一位 16 歲女孩的癲癇症。在這之後，越來越多的醫生用這種手術治療頑固癲癇病並獲得了較好的效果。而由於併發症的出現（如顆粒性室管膜炎、含鐵血黃素沉著症、腦積水等），之後醫生也對大腦半球切除術做了各種改良。改良後的手術，不但降低了遠期併發症的發生率和死亡率，還能保持大腦半球切除術的效果。

到現在，改良後的大腦半球切除手術很常見。而接受了手術的病人，也成了研究神經可塑性的絕佳模型。

不過，這種外科手術只能是治療癲癇的最後方案。在手術後，患者需要進行系統的康復訓練，以恢復大腦原有的功能。而在手術前，也要經過醫生非常嚴格的評估，需要綜合眾多因素的影響。一般來說，患者年齡越小大腦恢復效果越好，已知進行該手術最小的患者只有 3 個月大。兒童時期神經元突觸網路的活動增強，使這階段大腦具有更高的可塑性。進行大腦半球切除術，不但可以控制癲癇發作，還能防止大腦因癲癇導致的發育遲滯。

　　在 TED[*]的一期演講中，蓋里·馬森博士就講了一個半腦男孩威廉的故事。他在 1 歲時，就接受了腦半球切除手術，當時他的體重只有 9.09 公斤。在這之前，他就被診斷出腦皮質發育異常。嚴重的時候，一天下來威廉會經歷 40 多次癲癇與痙攣發作。儘管無法訴說，但威廉痛苦的反應依然讓父母痛心。醫生給威廉用過許多種控制癲癇的藥物，卻都宣布無效。經過一番掙扎後，父母接受醫生的建議，進行最後的腦半球切除手術。手術後，他的癲癇就不曾復發過。雖然雙腿有些不利落，但經過不斷練習，威廉已經健康長大，能打籃球，能玩遊戲等。他在學習方面的表現也不錯，智商能達 90 分，成績也能趕上普通同學。從各方面看來，他都是一個再正常不過的正常人——除了腦袋裡，缺了半個大腦。

　　如今在世界範圍內，仍有許多「半腦人」混在人群中。他

---

[*] TED（Technology, Entertainment, Design，即技術、娛樂、設計）是美國的一家私有非營利機構，該機構以它組織的 TED 大會著稱。TED 誕生於 1984 年，其創辦人是里查德·沃曼。

們之中有律師、醫生、家庭主婦、教師，甚至還有長跑運動員。盡管不能擁有一個完整的大腦，但擁有半個大腦對他們來說已經足夠好了。

參考資料：

◎ FEUILLET L, DUFOUR H, PELLETIR J.Brain of a white-collar worker[J].The Lancet,2007.

◎ LEWIN R. Is your brain really necessary? [J]. Science,1980.

◎ 杜秀玉, 欒國明. 大腦半球切除術後腦可塑性的研究進展 [J]. 中國臨床神經外科雜誌 ,2017,22(6):391-394.

◎ RUBINO M.The boy with half a brain[J].Indianapolis Monthly,2014,37(14):76.

第四章

為什麼我們看什麼都是臉？
可能是信了大腦的邪

　　1976 年 7 月，美國「維京一號」探測器傳回了一張詭異的照片。火星的表面出現了一個酷似人臉的地貌，被稱作「火星人臉」。一傳開，它便馬上引起了無數關於「火星人」的討論。大眾開始熱議，火星上很可能存在著未知文明。直到 2001 年，NASA（美國國家航空暨太空總署）公布了另一組火星高畫質圖片，事情才真相大白。「全球探勘者」號更清晰的畫面顯示──「火星臉」不過是一個布滿岩石的高山。

　　真相總是索然無味的，但謠言卻從來不會消息。畢竟這類古怪的「人臉」是真的遍布於世界的每一個角落。例如「911」事件中，被攻擊後起火的雙子星大樓，便在黑煙中出現了一張「惡魔的臉」。同樣，日本長崎原子彈爆炸現場的蘑菇雲中，則顯露出了一張「痛苦之臉」。

　　不過，這還真不是「萬物皆有靈」的表現。其實，這是一種叫「空想性錯視」（Pareidolia）的知覺現象在作祟。

　　在外界毫無意義的刺激下，如面對模糊、隨機的圖片時，大腦卻能賦予這些圖片一個實際的意義。其實眼中所見的事物根本不存在，也就是俗話所說的「腦補過多」。明明一切純屬巧合，但人類就是有一雙善於發現「臉」的眼睛。我們對臉及

具有臉部特徵的視覺刺激，有著超凡的敏感度。於是，便產生一種「萬物皆是臉」的錯覺。

這種空想性錯視，不僅發生在成年人中，也會發生在 10 個月大的嬰兒身上。甚至連人類的近親——其他靈長類動物，也能在這些圖片中發現原本不存在的面孔。我們現在看到的社交網路中的很多搞笑圖片，有一半都是空想性錯視的功勞。明明只是一堆衣服鞋襪、瓜果蔬菜，我們卻能從中看出一張誇張的人臉。這與大家小時候觀雲，是同一個道理。

就連現在最常用的「顏文字」，也是一副抽象的人臉。

(/°Д°)/ 表驚恐

(ノ =Д=) ノ ⌐ 表示憤怒掀桌

若不能從這些無意義的視覺刺激下識別出人臉特徵，無聊的人類必定少了許多樂趣。當然，空想性錯視也有壞處。例如我們經常會被所謂的「靈異照片」嚇一跳，也全怪自己「腦補」過多。除此之外，這種全人類皆有的錯視，也常被利用來宣揚宗教。其中最著名的對空想性錯視的利用，便是傳說的「基督聖體裹屍布」。這塊布是否包裹過耶穌的聖體，已無從查證。但每次展覽，都會有無數教徒趕來瞻仰，他們相信所看到的就是耶穌基督的真容。

那麼，這種「腦補」能力是怎麼來的？

在 1952 年，生物學家赫胥黎就已提出，空想性錯視源於人類演化的過程。人類衍生出對「臉孔」的辨識能力，其實是一種保護機制。即便錯視會帶來誤判的尷尬，但總體來說還是收益大於代價的。

首先，同類的表情是瞭解當前局勢的一種明顯訊號。其

次，在曠野中能夠快速發現面孔，也是非常重要的生存技能。試想一下，我們的祖先與一頭熊不期而遇。如果識別的速度過慢，那他很可能就會淪為猛獸的盤中餐。人腦從視覺圖像中識別出人臉的速度，也比意識活動產生的更快。這給了我們更充裕的時間察覺到危險。在人類大腦中，梭狀回面孔區（right fusiform face area，簡稱 rFFA）主要負責人臉的認知。它能整合經視皮層處理的視覺刺激，讓我們快速識別人臉。有研究發現，只需 0.13 秒，面孔便能被檢測到。

真實面孔可以激發梭狀回面孔區的活躍性。不僅如此，卡通面孔、情緒符號，甚至是類似面孔結構的物件，都會被識別為臉譜。所以光看大腦活動成像，比較難區分受試者到底是看到了真人臉還是「假臉」。而讓我們誤認為是臉的東西，往往也有這樣的特點。無論什麼東西，只要出現左右對稱的斑點時，梭狀回面孔區會很容易將其認定為一對眼睛。在這之後，大腦甚至會自動搜尋類似面孔特徵的斑點，將其從整體上「腦補」成面孔。因此，要從大腦活動成像區分出受試者看到的是真人臉還是「假臉」，就得再觀察額葉區的活動。

額葉區有更多區域被啟動，並且從額葉到梭狀回面孔區的資訊傳遞加強，這反映了大腦正在把眼前物體腦補成一張臉的過程。如果再加上一張嘴巴、一個鼻子和一個明顯包圍著嘴巴、鼻子的區域，那麼就更容易讓大腦解讀成人臉了。其次，受「面孔倒置效應」影響，臉最好還是正立的。所謂面孔倒置效應，即把圖片旋轉 180° 倒置後，人們對這種圖像的加工能力會大幅下降。人們首次發現這種效應，是在柴契爾夫人的臉上，所以也叫「柴契爾效應」。

不但是受視覺刺激影響，空想性錯視也與人類過去習得的經驗、期望，以及動機等有關。其原因在於，人的知覺存在一種「自上而下」加工的機制。人之所以能快速識別面孔特徵，與被試對「什麼是面孔」的早期經驗有關。

例如有一項研究發現，先天性失明的兒童在 2 歲至 14 歲間接受手術恢復視力，其識別面孔的能力也會受到損害。也就是說，識別人臉這件小事還需要透過練習。很多人都玩過一種「找人臉」的小遊戲。一張圖，讓你從中找出有多少張臉，找到的數量越多就說明智商越高。但事實上，「找人臉」也只是一個利用人類空想性錯視的小把戲。它並不能與智商掛鉤，倒是與對臉部特徵的敏感度有關。如果小遊戲是真的，那麼這世界上最聰明的人，必然是鄭淵潔筆下的魯西西。

《魯西西外傳》中就有這麼一個情節：

魯西西家的牆上、桌子上、櫃子上都有她的朋友。魯西西每天寫完作業就和他們玩。房頂上的白灰鼓起了一個小包，像一隻小狗。牆上有三個釘子扎過的小孔，像一個小朋友的臉。桌子上那些奇形怪狀的木紋，像高山，像大河，像⋯⋯魯西西就喜歡和這些朋友玩，當然只是自言自語地說話，很有意思。

不過需要注意的是，如果在「找人臉」的遊戲中真的得分為零，那就要小心了。因為這很可能就是大家常說的「臉盲症」（face blindness）。他們不能理解五官之間的位置，甚至是無法辨認人臉。別說是分辨美醜了，病理意義上的臉盲症患者就算是親媽可能都不認得。

臉盲症一般分兩種。

第一種是統覺性臉盲。這往往是因為大腦的枕下回或顳上

溝受到了損傷，以致不能執行人臉的早期處理。也就是說，他們無法對眼睛、鼻子、嘴巴等特徵做出識別。患者看到的人臉，很可能就是一張沒有五官的臉皮。

而第二種則為組合性臉盲。患者常常因梭狀回受損，而不能把看到的五官組合起來，也不能產生相應的記憶。他們看鼻子還是鼻子，看眼睛還是眼睛，但卻無法理解五官的位置。

正常人都會出現柴契爾效應，難識別倒置面孔。但對於組合性臉盲患者，他們識別倒置面孔的能力（相對正常人）反而比識別正置面孔要強。人類的視覺系統，是複雜的。儘管常常被騙，但越混亂我們也就越好找樂子。

參考資料：

◎ HADJIKHANI N，KVERAGA K，NAIK P，etal. Early (M170) activation of face-specific cortex by face-like objects[J]. Neuro report,2009.20(4):403-407.

◎ 王昊，楊志剛. 面孔空想性錯視及其神經機制 [J]. 心理科學進展，2018,26(11):1952-1960.

◎ SUSILO T, DUCHAINE B. Advances in developmental prosopagnosia research[J]. Current opinion in neurobiology, 2013, 23（3）: 423-429.

第五章
看著這些圖像在眼前憑空消失，
你的大腦為何還相信眼見為實？

　　有句話說得好，眼見為實，我們常以為自己親眼見到的世界就是真實的。然而，網路上總是流傳著很多奇怪的圖片，瞞天過海般地騙過你的雙眼。即便你清楚了其中的奧祕，卻也壓根兒沒法說服自己的眼睛——這就是視錯覺。

　　我們知道眼睛在觀看物體時，會在視網膜上成像。之後，這個「像」會由視神經輸入人腦，讓我們真切感覺到物體的存在。不過，當物體移開之後，視神經對物體的印象並不會馬上消失，而要延續 0.1 到 0.4 秒的時間。

　　這也就是所謂的視覺暫留，學術上將它稱為「正片後像」。

　　那麼，為什麼會出現這種現象呢？目前還存在爭議。許多人認為這是因為視覺需要靠感光細胞進行感光，然後它才會將光訊號轉換為神經電訊號，傳回大腦引起人體的視覺。正是在感光細胞感光的過程中，出現了視覺暫留的現象。但也有研究者認為這是視網膜不完善造成的，而一部分心理學家認為這是人類的感覺記憶造成。不可否認的是，當靜止畫面出現的頻率達到一定程度的時候，我們會自動將這些畫面連接在一起，並產生看動畫的錯覺。

視覺遺像錯覺，又被稱為「負片後像」。

簡單地說，就是當你注視一朵綠花一分鐘後，將視線轉向一面白牆，在白牆上將會看到顏色相反的紅花。相機裡反色的照片正是基於視覺遺像的原理（不妨先注視一段時間，再轉向白牆），這是因為當我們聚焦在某個顏色的點上時間過長時，難免會產生視覺疲勞，從而導致視神經對光的感受性暫時減弱。而當我們轉移視線時，就相當於在恢復我們的感受。此時，視神經就會重組視覺訊號，並且還會以與那個點相反的顏色出現。

所以，我們看到的便是反過來的顏色了。

其實，這種現象在我們生活中並不罕見。比如當被對面的車燈晃了一下眼睛時，我們往往就會看到一個與原來「互補」的圖像。而這裡的「互補」可以指明暗，也可以指相反顏色，比如紅與綠、藍與黃、黑與白。

這裡就要介紹一種神奇的特克斯勒消逝效應了，它是 1804 年由一位叫伊格尼・保羅・維塔爾・特克斯勒的瑞士醫生發現的。概括來說，當一個人的目光聚焦在某個固定點上之後，觀察者餘光中的其他視覺刺激源將會在觀察者的視野中慢慢淡化直至消失。

所謂視覺適應指的是視覺器官的感覺隨外界亮度的持續刺激而變化的過程；但視覺器官天天運作，也在進化的過程中學會了適當地偷懶。比如當我們刻意凝視畫面，持續接收相同的視覺刺激時，它會自動忽略這些一成不變又無關緊要的刺激。最終，人們便不會再感知到它。只有當視線移開時，視覺資訊才會再次更新反覆運算，色彩才能夠再次被感知到。相信

不少人都會感歎這個現象的獨到之處，可為什麼我們在平常生活中很少會意識到呢？

這是因為通常情況下，我們的眼睛在不斷地運動，導致所見的視覺刺激一直在被刷新。許多科學家認為眼皮的跳動使我們不太感覺得到這種錯覺。如果視覺系統沒有「刷新」的機制，恐怕我們盯著鏡子久了，感覺連自己身上所有的色彩都會漸漸消失了。看到這裡，我們不由驚歎人類的視錯覺實在是太驚奇了。但我們看到的視錯覺圖形，大都是人們巧妙設計出來的，在自然界中很少存在這樣的圖形。

作為進化產物的視覺系統，初次遇到這些圖形很自然地會利用它固有的方式去理解，就會出現類似「理解偏差」的現象。換句話說，這也是一種大腦進化不夠完美的表現，而且只需要簡單的圖形和色彩就能將我們騙得團團轉了。

實際上，視錯覺現象早已逐漸應用在人們的生活中，遍布藝術、建築設計的各個方面。比如建築設計師便利用視錯覺將室內設計得更加具有空間感。

視錯覺的「不按常理出牌」的模式，也成了窺探大腦運行基本原理的重要視窗。與其盲目地相信所謂的智力測試，還不如期待科學家能夠早日透過視錯覺掌握大腦的基本運行規律，讓人類變得更聰明來得實在。

參考資料：

◎ Optical illusion: Wikipedia[DB/OL].[2020-07-09]. https://en.wikipedia.org/wiki/ Optical_ illusion.

◎ Lilac chaser: Wikipedia[DB/OL]. [2020-04-25]. https://en.wikipedia.org/wiki/Lilac_chaser.

◎ 東華君 . 追逐丁香視錯覺 . https://zhuanlan.zhihu.com/p/27720143.

◎ 劉宏 , 李哲媛 , 許超 . 視錯覺現象的分類和研究進展 [J]. 智慧系統學 報 , 2011,6(01):1-12.

◎ 馬先兵 , 孫水發 , 夏平 , 等 . 視錯覺及其應用 [J]. 電腦與資訊技術 , 2012, 20(03):1-3+11.

第六章
幻肢、戀足背後的科學奧祕，
這些問題大腦都有解釋

　　失去四肢，已是常人難以想像的痛苦。然而做完截肢手術後，這些殘障者還存在著另一種旁人無法理解的體驗——幻肢（Phantom limb）。就算知道自己的肢體已經消失，但他們還是能明顯地感覺到四肢仍然依附在主軀幹上。除了能感到疼痛，就連幻肢在流汗、顫抖、發熱、移動都能感覺到。有時患者在洗完澡後，甚至都能感覺到水滴附在幻肢皮膚上，但就是怎麼都無法擦乾。

　　這就是臨床上，幻肢的定義。

　　說出來你可能不信，幻肢的存在還不是罕見的個例，而是幾乎所有截肢患者都會出現的體驗，只是程度不同罷了。除此之外，這種幻覺還不只發生在截肢者身上。例如約有一半做完乳房切除手術的女性體驗過幻覺乳房，尤其對乳頭的感覺尤為真實。而被迫摘除了子宮的患者，有的還體驗過幻覺子宮，並且她們每個月還能非常規律地感受到月經的來潮。所以不僅是四肢，失去身體的任何一個部位都可能出現幻覺。

　　你可能會覺得，存在這種幻覺不是挺好的嗎？彷彿肢體失而復得一樣。但事實上，幻肢的存在，可比完全失去肢體更讓人感到煎熬。據統計，超過 70% 的患者在截肢後，有主訴的

幻肢疼痛現象。這些疼痛，有的像被針扎、有的像觸電，有的像被重物壓，有的則像永遠僵在一處產生血液不循環般的麻痺感。

無論哪一種疼痛，對患者來說都是一種負擔，都嚴重地影響患者的日常生活。被幻肢折磨得寢食難安，為此陷入抑鬱選擇自殺的患者還不在少數。而且這種截肢後的併發症，依然是世界上的頑症，許多醫生都拿它沒有辦法。無論是藥物治療，還是物理治療，效果都不顯著。

最早使用「幻肢」這一名詞的，是一名美國外科醫生米契爾。那時正值美國內戰後期，由於醫療落後，有超過 3 萬名士兵被迫做了截肢手術。而米切爾當時就觀察到，這些士兵廣泛出現了幻肢現象，並表現出「歇斯底里的痛苦」。於是他便在當時的流行期刊《*Lippincott's Journal*》上，發表了歷史上第一篇描述幻肢的文章。

在此之前，關於幻肢的傳說更是不勝枚舉。但因無法用科學解釋，很多人認為幻肢是「靈魂存在的直接證明」。直到 20 世紀末，一位印度裔美國神經學家拉馬錢德蘭的出現，幻肢之謎才慢慢地被解開。

當第一次知道幻肢時，年輕的拉馬錢德蘭就對它產生了極大的興趣。他第一時間想起了 20 世紀 40 到 50 年代，神經學鼻祖潘菲爾德做的一個實驗。那時潘菲爾德需要打開病人的顱骨以尋找癲癇的病灶，並將病灶予以切除。當用電極去探測病人大腦各個部位時，他發現刺激沿中央溝後側的一長條腦區，竟能引起病人感受到身體不同部位的刺激。

於是，他便不斷刺激志願者的大腦，並記錄下感受到刺

激的身體部位。從而繪出了一份觸覺與肢體運動的大腦神經地圖，也叫「感官侏儒圖」（sensory homunculus）。也就是說，所有身體表面的部位都在大腦的中央溝後側有一個代表區。在彭菲爾德之後，便有大量神經學家開始用動物做實驗，想要探明這神奇的神經地圖。

當時一位叫龐斯的科學家，他切斷了一隻獼猴手臂上所有的感覺神經。在這之後，他等待了 11 年，就是為了觀察此時獼猴大腦皮層有什麼改變。龐斯當時的合理推測是：當刺激這條手臂時，獼猴大腦中的代表區應該是沒反應的，畢竟它的手臂神經已經被切斷。事實證明也確實如此，但神奇的事情還是發生了。雖然刺激手臂時猴子的腦部代表區沒有反應，但當研究員觸摸猴子的臉龐時，那條早已失去感覺的手臂對應的腦部代表區，竟有了強烈的反應。這個實驗意味著，獼猴來自臉部的觸覺資訊竟「入侵」到了旁邊的「手區」（在感官侏儒圖中，「臉區」在「手區」旁邊）。

看了龐斯就此實驗寫下的論文，拉馬錢德蘭心裡有說不出的驚喜。他想到或許這可以用來解釋幻肢現象。可獼猴是不會說話的，怎麼證明當被觸摸臉部時，它的手部有感覺呢？於是，拉馬錢德蘭便決定來一次「人體實驗」。當然，他不必像龐斯那樣故意切斷受試者的手臂神經，再等個 11 年。

因為在日常生活中，有許多失去胳膊多年的截肢病人，這其中一位叫湯姆·索任遜的患者便是拉馬錢德蘭的實驗對象。實驗進行時，拉馬錢德蘭會用眼罩把實驗者的雙眼蒙上，並用棉花棒觸碰他身體的各個部位。當棉花棒頭掃過志願者臉頰時，他除了能感受到面部的感覺外，那早已不存在的手指竟也

感受到了觸覺。就這樣經過多次重複後，拉馬錢德蘭還真的在志願者湯姆的臉部找到了相對應的幻肢地圖。

原來，在突然喪失肢體的情況下，肢體的代表區便失去了一直源源不斷的神經資訊輸入。這時候，臉部感受神經就會入侵到空無所用的手部代表區，並驅使那裡的細胞活動起來。所以，當觸摸湯姆的臉頰時，他還感受到了自己早已消失的手。換句話說，在人體突然缺失某一部位的情況下，身體映射圖會進行不同程度的重新繪製。

但在這過程中，難免產生一些混亂、痛苦的資訊。拉馬錢德蘭認為，截肢者之所以會出現幻肢痛，是因為腦部對截肢做出了錯誤的調節反應。他發現，不少出現幻肢麻痺的病人，手臂原來就被麻痺過，如被打過石膏等。所以痛了幾個月後，為了幫病人趕走痛苦，外科醫生才給他做了截肢手術。但手術後，這條打著石膏的「疼痛的幻肢」卻仍然存在。拉馬錢德蘭將這種現象稱為「習得性疼痛」。

那麼該如何處理這些混亂的資訊呢？

拉馬錢德蘭知道，當不同的感覺出現衝突時，視覺往往占有主導地位。所以他根據人類感覺的這個特點想到了一個有效的方法：「以幻治幻」的「鏡子療法」。所謂「鏡子療法」其實就是一個「虛擬實境」裝置，且簡單到讓人難以置信——只是在一個紙箱的中間插入一面鏡子。拉馬錢德蘭在箱子的前壁開了兩個洞，好讓病人把雙臂（好臂與斷臂）伸進去。這樣病人就能從好臂的一側，看到鏡子裡自己「幻肢的出現」。當移動健全的肢體時，鏡子中的幻肢也會隨之移動，患者能夠主觀地感受到自己又能控制幻肢了。

握緊、放鬆、握緊、放鬆……一直活動完好的肢體，原來僵硬在一處疼痛難忍的幻肢，也慢慢地放鬆下來。多數患者在幾個療程後，疼痛感就連同幻肢一起消失了。那麼用如此拙劣的「演技」，真的能騙過大腦嗎？很多病人一開始都懷疑這個簡陋的方法是否真的有效，他們的第一感覺幾乎是失望的，因為他們覺得這個方法實在是太假了。但就在那一瞬間，「鏡子裡的手彷彿突然就活了過來」。患者也不是傻子，他們明白這不過是鏡像作用，但他們的大腦確實是被「騙」了。

　　儘管對幻肢痛的神經機制科學界還未達成普遍的共識，但大部分做過鏡子實驗的患者，症狀都得到了較為明顯的改善。這個神奇的療法以肉眼可見的療效，給患者帶來了無限福音。只用一面鏡子，就能讓無數歇斯底里的病人，從幻肢痛中得到解脫。除此之外，這種鏡子療法還可以推廣到中風患者、原因不明的疼痛患者身上，並且都有一定程度上的療效。

　　更有意思的是，在瞭解幻肢症候群的同時，拉馬錢德蘭順帶解決了另外一個問題——戀足。當時他遇到了兩名截肢患者，他們都失去了一條腿。然而神奇的事情發生了，他們兩人的生殖器都變得異常敏感起來。其中一名患者還表示，他的高潮還會從生殖器一直延伸到他被截掉的腿上，感覺非常奇妙。

　　這兩名患者，或許就是在腿部截肢手術後，形成了某種奇怪的「快感連接」。就像當初拉馬錢德蘭的實驗對象一樣，他的手臂已被截肢，但是觸摸他的臉，還會感覺到手指受到刺激。這也較科學地解釋了，為什麼有將近一半的戀物癖患者，把注意力集中到腳上。而在其他的與身體有關的戀物癖中，則有 2/3 的人的喜好與鞋子、襪子等有關聯。拉馬錢德蘭在《大

腦中的幻覺》（*Phantornsin the Brain*）中寫道：「也許在很多所謂的正常人中，有些人也有一點兒跨連接，這樣就可以解釋為什麼他們特別喜歡吸吮腳趾了。」

關於人類的大腦，還有許多更神奇的地方等待著科學家去挖掘。或許以後不單是幻肢與戀足能夠得以解釋，所有一切「不正常」都可以變得再正常不過，並且有計可施。

參考資料：

◎ PUGLIONESI A. The civil war doctor who proved phantom limb pain was real:HISTORY STORIES[EB/OL]. [2017-11-08].https://www.history.com/news/ the-civil-war-doctor-who-proved-phantom-limb-pain-was-real.

◎ 顧凡及 . 拉馬錢德蘭：神經科學領域裡的探索者 [J]. 自然與科技, 2014,(05):50-54.

◎ WOLCHOVER. Why do people have foot fetshies？：Live Science[EB/OL]. [2011-09-27].https://www.livescience.com/33525-foot-fetishes-toe- suck-fairy.html.

第七章
裂腦人擁有兩個獨立的意識嗎？

在飯桌上，如果你發現一位交情尚淺的朋友竟然是左撇子，會不會忍不住，想要聊幾句左撇子的生活體驗，最後再來一句「聽說左撇子比較聰明」，不著痕跡地表達發現異類的快樂？要真是這樣，你可能已經深受關於左撇子的「傳說」的影響了。儘管歌德、居禮夫人、莫札特等名人都慣用左手，美國前 7 任總統中，有 4 位也是左利手[*]。但這也只能代表，左利手和右利手都具有成大器的潛質。

近年的研究顯示，左利手與右利手的智商幾乎是相差無幾的。只是身處 85% 到 90% 都是右利手的世界裡，左利手因為少數派的身分被強加了更多的「優越感」。

若是追溯數千年前，人類的祖先的左右手是均衡使用的。當語言對人類的祖先越來越重要時，掌握語言功能的左腦半球就取得了優勢，這才讓人類傾向於使用右手。人類演化至今，左利手仍然占有 10% 的比例，這是否也說明了右腦有著某些足以媲美左腦的獨特功能？

隨著人類對用手習慣問題研究的逐步深入，左右半腦的祕

---

[*] 左利手即左撇子，指的是更習慣於用左手的人，雖然沒有資料支援左利手更聰明，但有資料支援雙手能用者空間能力更差。

密也隨之揭開，其中最有名的便是憑藉腦研究獲得 1981 年諾貝爾生理學或醫學獎的羅傑‧斯佩里。

在 1836 年，腦科學家達克斯便明確指出了左腦半球與失語症有關。而後法國外科醫生布羅卡解剖了一名罹患失語症 30 年之久的患者大腦，發現其左側大腦有一塊區域受損。布羅卡隨即發表了論文，將人的語言機制定位在左腦半球，從而發展出了「左腦半球是優勢半球*」的邏輯。這一理念在隨後 80 年的時間裡，不斷得到其他研究的支援。

幾乎所有人都確認了一個觀點：左腦半球更加智慧高級，而右腦半球是落後低級的。這一偏見成了這個時期的主流觀點。儘管陸續有人提出對右腦功能的猜想，卻都沒有受到重視。這時斯佩里對裂腦人的研究直接顛覆了這一觀念，真如一道驚雷響徹腦研究領域。

裂腦人這個概念起源於癲癇治療。

人類的大腦分為左腦半球、右腦半球，這一概念在解剖學剛興起時便成了人們的共識。而連接兩個半球的白質帶被稱作胼胝體，它包含有 2 億到 2.5 億個神經纖維，是左右腦溝通的重要通道。一部分癲癇患者的主要症狀抽搐，是由某一邊大腦皮質神經細胞活動異常引起的。

如果將胼胝體切除，中斷兩邊的聯繫，那是不是能將癲癇控制住呢？帶著這樣的疑問，神經外科的先驅們為數名癲癇患者做了胼胝體切除手術。手術進行得非常順利，頑固的癲癇得到了控制，而這些癲癇患者也因為左右腦「分家」被稱作

---

* 優勢半球是指在人腦活動中占據主要地位的腦半球。

裂腦人。

斯佩里很快得知了這一消息，他迅速制訂了針對癲癇患者進行裂腦研究的計畫。在 1960 到 1980 年期間，斯佩里和他的學生一同進行了著名的裂腦人研究。在神經生物學這個進展緩慢、即便有了進展也只有小部分人能夠理解的學術領域裡，裂腦人實驗有著非凡意義。斯佩里的團隊成員都成了這個領域的領軍人物，他也因為發現了大腦兩半球的功能分工而摘得 1981 年的諾貝爾生理學或醫學獎。正常人大腦的兩個半球經胼胝體連接，形成了一個統一的整體。但是胼胝體一經切斷後，身體兩側就分別交由一側大腦管理：左腦控制右半側，而右腦控制左半側。

假如嚴格控制裂腦人的視覺範圍，只讓左眼看到圖像或是文字，又或是只讓左手觸摸物體，而大腦兩個半球分離而資訊不互通，是否能夠以此驗證左右半腦的能力範疇呢？

在此前，斯佩里曾做過動物裂腦實驗，以此積累了一定的經驗。他設計了一套設備，在裂腦人面前放置一塊能夠映出文字或圖像的螢幕。裂腦人需要凝視螢幕正中間的一個點，這樣在中間點左側的圖形就只能被左眼捕捉，反之亦然。當然，為了防止另一隻眼睛無意識地偷看，圖像或文字只閃現 1/10 秒甚至更短時間。實驗初期，斯佩里也認為右腦是沒有語言能力的，不過實驗，結果卻顛覆了他的想法。

當圖像在中心點的右邊視野閃過時，因為擁有語言能力的左腦接受了資訊，所以受試者總能準確地說出看到的圖像以及閃現的位置。如果圖像在中心點的左邊視野閃過時，受試者會否認看到任何東西。但如果要他用左手指出閃現的圖像位置

時，他們總能準確地指出。

　　斯佩里反復測試了這一過程，得出了一個與「常識」不符的結論：

　　受試者不能用語言報告右腦的知覺，因為語言中樞處於左腦，而右腦只具有對文字、圖像的辨識能力。

　　為了印證這一結論，他們將圖像換作書面詞彙，例如鉛筆。結果表明，受試者無論用左腦，還是右腦，都能準確地用對應的手，在一堆物品中挑出鉛筆。斯佩里完全沒有想到這簡單的測試，竟挖掘出關於右腦如此驚人的祕密。那會不會有右腦可以完成，而左腦不能達成的事情呢？

　　循著這個思路，他的團隊開始挖掘右腦的專屬能力。其中，斯佩里的一個學生邁克爾‧加紮尼加，設計了一個足以反映右腦能力的實驗。他將 4 塊 6 個面上有著不同圖案的積木交給受試者，讓他們按照範例上的樣子擺放積木。受右腦支配的左手總是能夠很好地完成任務，而右手的完成度卻總是不盡如人意。甚至有的時候，右腦還會主動讓左手把積木搶過來擺，為了抑制住右腦的「意識」，受試者不得不將左手坐在身下。這一幕看起來，簡直好像兩個人在受試者體內爭奪著展現自己的意志。

　　1968 年，斯佩里找到了一例先天性無胼胝體的病人進行研究。這個病人有高於平均數的語言能力，這主要是因為，他的左右半腦似乎為了適應獨特的構造，都具有語言能力。但他的空間能力、非語言能力卻很糟糕，對於幾何學、地理學的理解能力差得令人驚訝。斯佩里推測——右腦犧牲了空間處理能力，來提高語言能力。反之，也就證明了右腦具備空間處理能

力。結合加紮尼加的實驗，右腦在綜合處理空間資訊上更具優勢的觀點呼之欲出。在這之後，他的團隊針對左右腦不一樣的能力，設計了一系列類似的實驗。

最終，斯佩里提出了全新的左右腦分工理論，這也是他摘得諾貝爾獎的最主要貢獻。作為公認的優勢半球，左腦半球更擅長分析、邏輯、計算和語言相關的內容。而右腦半球，則是在空間、綜合、音樂、直覺感覺上更加擅長。

這一理論打破了前人認為右腦是個附屬物的錯誤觀點，這也印證了無論左利手還是右利手，都有著自己擅長的工作，而不能簡單地說誰更聰明。

但實驗至此，真的已經揭露了裂腦人的所有祕密了嗎？加紮尼加的實驗中，受試者左右互搏的場景想必仍讓人浮想聯翩：左右半球「分家」是不是意味著一個腦子裡出現了兩個意識？左腦掌握話語權自然很容易證明是否有自我意識。

為了確認右腦是否具有自我意志，斯佩里進行了另一項著名的實驗。他給受試者的右腦展現不同的照片，這些照片含有一些與政治、家庭、親屬、歷史或是宗教相關的資訊。如果受試者覺得喜歡就將左手（右腦控制）的大拇指向上，不喜歡的就大拇指朝下。

實驗過程中，受試者看到漂亮的芭蕾舞女郎時拇指朝上，看到希特勒或是戰爭的照片時拇指朝下。當右腦在對應的情景下，情緒似乎能夠蔓延至左腦。臉部同樣會表現出對應的露齒笑或是憤怒的情緒，儘管左腦對此並不清楚原因。這個實驗充分證明，左腦和右腦同樣都具有自我意識和社會意識功能。其實，隨著切除胼胝體治療癲癇的手術技術的提高，不僅出現

了「裂腦人」這樣的詞彙，一些新的病徵也隨之誕生。裂腦人在左右腦分家後，獲得了一些獨特的能力，他們能夠左右手開弓，同時做兩件完全不同的事情。對人們來說，左手畫圓、右手畫方或許是一件難以辦到的事情，但對他們來說卻非常簡單。但這能力也附帶了一種糟糕的疾病，叫作相異手動症候群。右腦因為失去了表達觀點的「嘴巴」，只能透過控制左手表達。因為兩個半腦思考的方式不同，所以對於一個問題會產生兩種不同的觀點。如果胼胝體還在的話，那兩種不一樣的觀點會交匯在一起，大腦會綜合各種資訊選擇最為合適的一種 *。

例如襯衫的最後一個扣子，左腦認為扣上更暖和，但是右腦認為敞開比較誘人，在一番爭執後仍會選擇更符合心境、場景的做法。但裂腦人的左右半腦無法溝通：一隻手剛剛扣上扣子，另一隻手就匆匆解開了扣子。

相異手動綜合症就是將這種不受控制的情況表現得極為極端的一種病徵。有時右腦會控制著左手做出根本超出你預期的事情，甚至攻擊身邊的人。斯佩里的實驗足以證實相異手動症候群是切除胼胝體的後遺症，這也引發了新的思考：到底哪個才是受試者本人？在思考這個問題前，再提一提由加紮尼加設計的另一個著名的實驗。加紮尼加畢業後，來到美國東北部的紐約大學，再次開展了關於裂腦人的研究。他和他的學生重複了讓右腦識字的實驗，但這一次，他要求受試者按照右腦得

---

* 有觀點認為大腦思考速度快，很多行為是先做，再想為什麼這麼做，這樣可以保證更快地完成任務。

到的資訊行事。當加紮尼加給受試者的右腦看「揮手」一詞時，受試者便會揮一揮手。

　　或許是加紮尼加的靈光一閃，他決定給受試者那不清楚狀況的左腦出個難題，讓受試者說說為什麼會揮手。受試者稍做猶豫後說道，他以為看到一個朋友所以才揮了揮手。這件事讓加紮尼加有了一個猜想，他再次設計了一個實驗。他讓受試者左眼看到一幅雪景，右眼看到一隻雞腳，然後讓他在桌子上的卡片中，左右手各挑選一張有關聯的卡片。受試者由右腦控制的左手挑的是一個鏟雪的鏟子，而由左腦控制的右手則是挑了一隻雞。而這一次受試者的解釋是：因為看到了雞爪所以挑選雞，而挑鏟子是因為要用它打掃雞廠！

　　加紮尼加頓時明白，左腦不僅僅有著說話的能力，同時它還是一個「會講故事的腦子」。左腦儘管不能瞭解右腦所獲悉的資訊，但它可以透過已有的資訊猜想右腦行為的深意。這個有趣的現象，為左右半腦的本質畫上又一個問號。當大腦發生變化後，我們所知悉的內容都可能被隱瞞，甚至是虛假的。

　　我們無法得知，我們的一些自然而然的行為會不會是腦顱深處的暗湧。但若是連記憶、意志都可能是虛假的，我們也無須再去爭執世界的真假。因為，我們連證明自己是不是自己都無法辦到。

參考資料：

◎ 顧凡及 . 加紮尼加探祕裂腦人 [J]. 科學世界 ,2016(03):98-103.

◎ 王延光 . 斯佩里對裂腦人的研究及其貢獻 [J]. 中華醫史雜誌 ,1998,(01):59-

63.

◎ 肖靜寧 .「裂腦人」的研究及其哲學思考 [J]. 武漢大學學報（社會科學版）,1985,(04):39-45.

◎ SATZ P, ORSINI D L, SASLOW E,etal. The pathological left-handedness syndrome [J]. Brain & Cognition. 1985, 4(1) , 27–46.

第三篇——神祕的人體

萬萬沒想到的
人體冷知識

第一章
有什麼驚悚的神祕現象，
能用現代醫學來解釋？

在被判定為死亡後，一名西班牙男子被送上了屍檢台。法醫認真地用筆在他的身上標好記號，以便進行解剖。剛要開始時，動刀的醫生突然接到緊急通知，便離開解剖室。可當他再次回到解剖室時，居然聽到了一陣陣微弱的打鼾聲。一開始他以為是幻聽，結果進去一看被嚇了一大跳。誰能想到，發出鼾聲的竟是剛才那具就要被解剖的「屍體」。

原來該名男子在失去生命特徵數小時後，又重新活過來了。大家在感到驚悚離奇的同時，不免調侃是鼾聲救了他一命。可仔細一想，此事卻也讓人感到害怕。要是當時法醫準時開刀，又或者直接送去下葬，那後果將不堪設想。那麼，現代醫學究竟如何看待這種「起死回生」的詐屍現象？在科技不發達的過去，古人又是如何預防此類現象的發生呢？

過去，人類就發明了各種方法來定義生命的終點。人類嘗試過反復喊病人的名字、用鉗子夾乳頭、把水蛭放進肛門，等等，但似乎都不盡如人意。為了找到一個標準方案，1846 年巴黎還為此舉行了比賽。醫生尤金・布切特因提出了「臨床死亡」的定義而奪魁。「臨床死亡」即一個人的呼吸停止、心臟停止跳動，就能確認他死亡了。可即便如此，當時的人們普遍有「活

埋恐懼症」。

所謂的「活埋恐懼症」，即害怕自己還沒嚥下最後一口氣就被活埋了。為了防患於未然，從 18 世紀起就有人發明了「安全棺材」。其中最為經典的是，美國於 1868 年公布專利號為 81437 號的安全棺木。與之前的棺木不同，它巧妙地將鐘鈴、繩子，以及梯子置於其中，並加以設計。倘若「死者」突然在棺木裡醒來，拉動了「死」時被放入手中的繩子就會響鈴。萬一沒人發現的話，他還可以拼盡全力透過梯子從墳墓裡爬出去。

而 1887 年設計的一款棺木配備了空氣管和報警器，更為便捷實用。一旦棺木裡有動靜，空氣管便會被接通，報警器就能發出報警聲。這樣一來，那些意外被活埋的人就能重新呼吸，避免因窒息而死亡。類似的安全棺木開始層出不窮，且越發高級。比如 1904 年發明的棺材中就已經含有一個基於閉合電路的複雜系統。如果被埋的人醒來後，可以閉合電路，那氧氣儲存器就會被打開。之後，訊號就能透過電線系統發射出去，「復活」的人就有機會得救了。

我們已無法得知究竟多少「安全棺木」派上了用場。但一項關於活埋的研究成果是令人沮喪的。該研究顯示，「活埋」的高峰期極有可能出現在 1952 年。也正是從這個時期開始，呼吸機、餵食管、導管、透析機相繼誕生。

人類逐漸發現，在缺少某些身體功能的情況下，人仍能處於活著的狀態。到了 1966 年，腦死亡（brain death）的概念正式誕生，活著不再只與心跳、呼吸有關。如今我們知道，現代醫學普遍以腦死亡作為判定個體死亡的依據。儘管死亡的定義

變得更科學了，但仍無法阻止「起死回生」的現象發生。

只不過，它們可能更常發生在醫院太平間的屍袋裡。2014年，美國密西西比州一名 78 歲的男子被宣布死亡。哪裡曉得第二天，他竟從太平間的屍袋中甦醒了過來。

類似地，美國一名 80 歲的「死者」在醫院太平間被「活活凍醒」；91 歲的詹妮娜·科基薇茨在死了 11 小時後，在停屍間冰櫃裡突然坐了起來。

據說這位「復活」的老婦人淡定地向工作人員要東西吃。另一家醫院的一名患者因藥物過量被宣布腦死亡，但在被送往手術室收集捐獻器官時，他突然醒過來了。這件事引發了社會輿論的抨擊。類似的例子並不在少數。在醫學上，這些離奇的「起死回生」的現象都被叫作「拉撒路症候群」（Lazarus syndrome），即患者停止心跳和呼吸後過一段時間，突然恢復自主呼吸的現象。早在 1982 年，拉撒路症候群就被文獻首次記錄了。目前全世界至少已報告了 38 例。儘管官方報告的病例較少，但現實中的拉撒路症候群患者要多得多。

2011 年，芬蘭赫爾辛基大學中心醫院的研究員進行了一項為期 6 年的前瞻性觀察性佇列研究。目的是確定停止院外心肺復甦術（CPR）後拉撒路症候群的發生率和發生時間。研究跟蹤分析了 2011 年 1 月 1 日至 2016 年 12 月 31 日在芬蘭赫爾辛基緊急醫療服務中心進行的院外心肺復甦術停止 10 分鐘的生命體徵監測資料，以檢測可能出現的拉撒路症候群。研究結果發現，在這為期約 7 年的研究過程中，記錄到進行院外復甦術的病例有 1376 例。其中有 840 例（61%）CPR 在現場停止。拉撒路症候群出現 5 例，發生率為 5.95 / 1000，其中 3 例在 2

到 15 分鐘內死亡，另外 2 例在 1.5 小時到 26 小時在院內死亡。這項研究再次確定了拉撒路症候群的存在。研究報告於 2017 年發表在醫學期刊《Resuscitation》上。至於「拉撒路症候群」產生的原因，目前醫學上有兩種理論可以來解釋。一種理論認為，它的出現是因為在 CPR 的過程中患者胸腔壓力不斷蓄積，當 CPR 停止後累積的壓力得到釋放，被壓迫的心臟才能慢慢恢復搏動。另一種理論則認為是搶救藥物的生效出現了延遲。比如注射的腎上腺素在患者被宣布死亡後才開始生效。又或者是當患者的靜脈回流受阻時，外周靜脈注射的藥物可能隔段時間才能隨血液循環到達靶器官。此外，血鉀水平過高也可能導致自發循環恢復延遲。

針對拉撒路症候群的現象，臨床對死亡的判定會在患者心臟停止跳動後繼續觀察 5 到 6 分鐘。目的在於，準確地判斷出患者是真正的死亡還是仍有一線生機。但更長的觀察時間可能造成器官因長期缺血無法用於捐贈等。其實在醫學上，還有一種同樣詭異的醫學現象容易與拉撒路症候群混淆。它就是拉撒路反射，一種臨死前的原始自動的反射。

拉撒路反射透過脊椎發力的「反射弧」對身體產生影響，能使死者坐起，短暫地舉起手臂，放下，或者交叉放在胸前。這也是為什麼影視劇中的僵屍都喜歡低著頭，然後往前伸直手臂的原因。

就和你手被燙了以後立刻彈開是一回事，拉撒路反射完全不需要大腦的參與。其實哪怕一個人死去之後，他的皮膚和腦幹細胞依然可以存活數日，骨骼肌幹細胞在死亡兩週半的屍體中仍可被發現。

這種不同步的衰亡過程導致了「有心律的屍體」的現象存在，實際上這類現象都出現在腦死亡患者身上。發生拉撒路反射時，腦死亡患者的手臂上有時還會出現雞皮疙瘩。這常常會讓死者的親友以為死人復活了。有人認為，許多埃及木乃伊總是雙手環抱胸口可能就是拉撒路反射導致的。

其實從生物學上來說，死亡沒有一個統一的時刻；每一個死亡是由一系列的「迷你」死亡組成的，不同的組織以不同的速度死亡。也就是說，我們身體的其他器官並不一定因為「總部」的衰竭而停止運轉。在某些情況下，病患的心臟仍在跳動，他們的一些器官能在死後持續運轉長達 14 年，甚至有一具屍體在死亡後「存活」了 20 年。

從這個角度看，死亡不是一個事件，它更像是一個過程。關於死亡這個沉重話題，科學仍在尋找一個更明確的答案。但經過數世紀的嘗試，我們也僅僅知道「死亡」存在著不確定。既然如此的話，或許只有當下才是我們最能把握住的吧。

參考資料：

◎ KUISMA M, SALO A , PUOLAKKA J , etal. Delayed return of spontaneous circulation (the Lazarus phenomenon) after cessation of out-of-hospital cardiopulmonary resuscitation[J]. Resuscitation, 2017: 118.

◎ LETELLIER N, COULOMB F, LEBEC C, etal. Recovery after discontinued cardiopulmonary resuscitation [J]. Lancet,1982,319(8279):1019.

◎ HEYTENS L, VERLCOY J,GHEUENS J. Lazarus sign and extensor posturing in a brain-dead patient Case report[J]. Journal of Neurosurgery,1987,71(3):449-451.

◎ 付陽陽, 徐軍, 於學忠. 拉撒路綜合征 [J]. 中華急診醫學雜誌, 2016,

25(2):241-245.

第二章

死細胞組成的頭髮，真可以上演「一夜白頭」這種魔幻戲碼嗎？

　　沒有什麼詞比「一夜白頭」用來形容一個人焦慮到極點的狀態更合適了。你會在小説裡、電影裡甚至是社交媒體或網路社區裡看到關於一夜白頭的案例。白髮魔女、想要當食神的史蒂芬·周，這些可能是大家很熟悉的經典案例。不過，今天不打算説這些虛構的故事，畢竟這些故事是作者加工創作出來的。那麼以現代科學的角度看，「一夜白頭」到底存不存在？

　　從常識上講，一夜白頭是不可能發生的。如果你有拔白頭髮的癖好，一定拔出過一半白一半黑的陰陽頭髮，仔細觀察的話你還會發現頭髮從白到黑沒有一個確定的分界。從原理上講，頭髮的主要成分是角蛋白，是由表皮細胞角質化形成的，它的顏色又由當中的黑色素決定，而頭髮中已經沒有活細胞，也不再受機體的控制。就算我們假設某個人在某一瞬間突然失去了合成黑色素的能力，那麼他的頭髮也不會迅速變白，已經長出的部分仍然會維持本來的顏色。

　　就像是染黑了頭髮的白髮老人一樣，如果不漂不染，要重回滿頭白髮少説也要幾個月的時間。比如 1980 年中國在新疆出土的「樓蘭美女」，距今已有 3800 年，她棕黃色的頭髮依舊保存完好。

事實上頭髮和骨骼是人死後最容易保存下來的部分，從中可見其穩定性。所以長出的頭髮在正常情況下就不會發生顏色上的改變，除非是人為脫色或染色。如果你以為這樣就能給一夜白頭下個結論的話，那未免把問題想得太簡單了。不囉唆，先來看這些證據確鑿的案例。

　　2019 年 1 月，央視播出了反腐紀錄片《紅色通緝》，在第四集約 38 分鐘處就有一個案例，講的是「紅色通緝令」3 號人物喬建軍。喬建軍於 2018 年 6 月在瑞典被當地警方拘捕，可能是沒想到自己精心策劃的潛逃計畫會失敗，他在落網的當天「一夜熬白了頭」。紀錄片中有圖有真相，還有負責案件的工作人員作證，這恐怕能算得上是證據確鑿的一夜白頭案例了吧。

　　除了落網的罪犯會一夜白頭，更常聽說的是親友故去家屬承受巨大打擊一夜白頭的事情。在人民網的一篇報導中，接受採訪的東北老刑警彭書濱回憶一起發生在 2001 年的命案：大學附近一網吧老闆被凶手錘殺。彭書濱當天在案發現場見到死者父母。因為死者父母都是知識分子，可能比較注意保養，所以看起來要比實際年齡更年輕一些。等到第二天彭書濱走訪死者家時，死者的母親已經滿頭白髮。彭書濱說：「我生平第一次見到了一夜白頭究竟是什麼樣。」

　　還有不少來自其他國家的案例：18 世紀法國 37 歲的王后瑪麗·安東尼在上斷頭臺前一夜白頭，所以一夜白頭在西方更常見的名字就是「瑪麗·安東尼症候群」（Marie Antoinette syndrome）。另外還有比較特別的案例，比如《*The Atlantic*》曾經刊登過一篇文章，作者描述了在一次國外報導過程中，她的脣毛突然變成白色且有些透明的樣子。印度一位 48 歲男子的

一隻腳上的毛髮突然變白，而另一隻腳卻沒有變化，他沒有報告疼痛，皮膚也沒有變色，身體健康，醫生無法確定病因，只懷疑是白斑的早期徵兆。可見會一夜變白的不僅是頭髮，也可以是身上任何部位的毛髮。

儘管存在各種各樣的真實案例，但是仍有不少人認為所謂的一夜白頭可能誇大了頭髮變白的速度或者僅僅是其他原因導致的假像。

有一種解釋認為，法國王后一夜白頭可能是因為被捕入獄後她無法使用染髮劑導致原本已經變白的頭髮重新顯現出來。那個時代的染髮劑效果可能並不持久，可是考慮到她 37 歲的年齡，這種解釋也不那麼令人信服。

不過這倒是給了我們一個思路，一夜白頭或許是某種生理現象帶來的「假像」，而並非真正意義上的變白。有一些人支持斑禿是所謂一夜白頭的原因。斑禿是一種常見的皮膚科疾病，典型的症狀是頭髮出現斑塊狀的脫落。由於發病比較迅速，有時候一覺醒來就已經少了一片頭髮，所以民間也會稱之為「鬼剃頭」。

斑禿有時候也並不是典型的斑塊狀脫髮，有可能是大面積的部分脫髮。因此，有人就提出了這樣一種猜測，如果那些一夜白頭案例中的主角原本就有一定量的白頭髮，平常被黑髮遮蓋可能並不明顯，當發生斑禿後，黑髮脫落的量更大，留下的白髮就更加明顯，再加上髮量減少無法遮蓋頭皮，也會顯現出淺色。

另外，斑禿的發病特點也符合一夜白頭案例中的規律，一般認為心理壓力、生活方式的重大改變是引發斑禿的重要因

素。有統計研究也給出結論，斑禿患者在半年內經歷重大生活事件的比例高於正常對照人群，可以認為精神壓力與斑禿具有相關性。而且斑禿發病幾乎不限年齡，以中青年為多，男女發病率無明顯差異，基本沒有與一夜白頭案例相悖的特點。不過斑禿假說也存在疑點。

目前的研究認為斑禿是 T 淋巴細胞介導的、以毛囊為靶器官的自身免疫性疾病。斑禿患者雖然發生了脫髮但毛囊並沒有被破壞，頭髮是能夠恢復生長的。雖然斑禿也存在永久性的案例和反復發作的特點，但從統計上看大約有 80% 的患者能重新長出頭髮，而在國內外各種一夜白頭的案例中都沒有出現頭髮恢復正常的情況，所以仍然存在疑點。

如果我們把條件放寬一些，那所謂一夜白頭或許都有誇大的成分，比如罪犯落網前或許已經有所察覺，精神壓力驟增就可能發生在被捕前，拘捕後可能還會關押一段時間，等到消息公開可能已經過去了數日。

所以如果把「一夜」當作一個形容迅速的虛指用法，那幾天內頭髮迅速變白的情況是否存在呢？首先，我們要搞明白正常情況下一個人的頭髮是如何變白的。其實，頭髮變白原因有很多種，這裡很難介紹全面。

比較主流的解釋就是合成黑色素的相關功能出現問題導致黑色素減少，還有一種比較新的觀點認為和身體產生的過氧化氫有關。為頭髮合成黑色素的細胞本身會產生過氧化氫，能把頭髮漂白，但正常情況下我們體內會有對應的過氧化氫酶去清除它。隨著年齡的增長，我們體內酶的活性和數量都會有所下降，頭髮因此變白。

如果是「少年白」，那情況也類似。「少年白」由過氧化氫的前體自由基數量超出了身體的清除能力所致。打個比方，如果把過氧化氫的累積看作是財富的累積，「少年白」就像開源，「老年白」就像節流。

當然，這些頭髮正常變白都不會很迅速，少則幾個月多則數十年。不過一個新的研究發現了一種可能讓頭髮迅速變白的生理機制。就在 2020 年 1 月 22 日，一篇發表在《*Nature*》的論文報告了受到壓力的黑毛小鼠在短短 5 天內毛髮變白的現象。研究人員使用束縛壓力、慢性不可預知的壓力和痛感壓力來模擬黑毛小鼠的壓力。實驗結果表明，不管是哪一種壓力都能使毛髮變白。

起初，他們認為毛髮變白的原因是壓力導致免疫系統攻擊了黑色素細胞，不過用缺乏免疫細胞的小鼠再次實驗，結果仍然一樣，因而排除了這種猜測。之後他們又猜測毛髮變白與腎上腺分泌的皮質醇有關。皮質醇是一種與壓力直接相關的激素。於是他們切除了小鼠的腎上腺，卻發現結果仍然不變。在排除了各種原因後，最終研究人員發現小鼠體毛變白與交感神經系統有關，在壓力作用下，交感神經系統驅動所謂的「或戰或逃反應」。

實驗中，受壓小鼠的交感神經細胞會釋放去甲腎上腺素，它會促進幹細胞的分化。毛囊當中就有黑色素幹細胞，它們定期增殖分化，補充原有死去的黑色素細胞。而去甲腎上腺素讓毛囊中的幹細胞迅速分化為黑色素細胞，僅僅 5 天就耗盡了整個幹細胞「庫存」，並且分化出的黑色素細胞並沒有留在毛囊底部，也就無法為毛髮繼續產生黑色素。

實驗證明了壓力的確可以迅速讓小鼠的黑色毛髮變灰變白，不過因為小鼠體表毛髮的生長週期較短，從新毛髮長出到脫落只有 20 天左右，所以能比較快地觀察到毛髮變白。

如果人體也存在同樣的機制，可能只有留男士短髮才能比較快速地觀察到頭髮變白，以頭髮每個月 1 公分左右的生長速度計算，寸頭可能一兩週就能發現明顯的變化，但要達到滿頭白髮的程度恐怕還是需要一些時間。

研究人員做這麼多的研究，還是沒有找到一夜白頭的確切機制，不過可以確定人在受到精神打擊或者壓力的情況下的確會迅速失去長出黑髮的能力。這麼說來，過於擔心自己有白頭髮是不是也會帶來心理壓力，反而是越愁越白呢？總之，一定要放輕鬆，生活沒有過不去的坎。只是一夜白頭還有解不開的謎。

參考資料：

◎ 張智威. 老刑警談破案經歷：親眼目睹死者家人一夜白頭：人民網 [EB/OL]. [2013-03-28]. http://legal.people.com.cn/n/2013/0328/c188502-20952296.html.

◎ JOLIS A. The Medical Mystery of Hair That Whitens Overnight：The Atlantic[EB/OL]. [2019-09-20]. https://www.theatlantic.com/health/archive/2016/09/canities- subita/500576/.

◎ CHERNEY K. Marie Antoinette Syndrome: Real or Myth?:Healthline[EB/OL]. [2018-09-18]. https://www.healthline.com/health/marie-antoinette-syndrome.

◎ 楊建, 趙瑩, 章星琪. 精神應激事件與斑禿發病的相關性分析 [J]. 嶺南皮膚性病科雜誌 , 2009,16(04):247-250.

◎ 章星琪. 斑禿發病機理探討 [J]. 皮膚性病診療學雜誌 ,2015,22(02):144- 147.

第三章
為什麼嘗盡百味的舌頭，
卻連可樂雪碧都分不清？

　　在不看不聞的情況下，你還能分辨出可樂、雪碧和芬達嗎？我們的第一反應肯定是覺得可以，畢竟三者的口味相差太大了。但現實是，絕大多數的人都是無法準確辨認出來的（不信的話你可以試試）。

　　在平常生活裡，你應該也注意到了這個現象。那就是，感冒時不僅聞不出什麼氣味，就連吃東西也沒有什麼味道了。這可不是生病帶來的食欲不振造成的，而是人體嗅覺和味覺共同協作的結果。其實，我們的舌頭只能感受寥寥幾種味道。但有了強大的嗅覺幫忙，就能體味無數的風味了。

　　要是不相信嗅覺作用的話，我們再來做個自我測試：任憑你挑選何種食物或是飲料，只要捏著鼻子，你會發現品嘗起來的味道都會淡很多。

　　別以為只有嗅覺會影響味覺，最新的研究發現我們的味覺細胞中竟含有嗅覺感受器。一直以來，味覺和嗅覺都被認為是獨立的感覺系統，它們各自的資訊要在到達大腦之後才相互作用。這早已成了大家毋庸置疑的常識之一。直到一個小男孩問出了一個無比天真的問題，才引發了對這一問題的重視。如往常一樣，美國生物學家奧茲德納正陪自己 12 歲的兒子玩耍。

兒子突然一臉好奇地問他：「蛇會不會伸出舌頭來聞氣味？」與其他家長默不作聲不同，奧茲德納想了想回答道：「會啊，蛇的舌頭是蛇的味覺感受器，能用來『聞』氣味。」

一般情況下，當蛇伸出舌頭時，舌頭上的液體把氣味粒子黏住，將物質微粒吸回口中。縮回去後，舌頭就伸到了口腔前上方的一對小腔裡，這個部位叫助鼻器。它與外界不相通，不能直接產生嗅覺，但是它靠舌頭的幫助能實現嗅覺功能。經過助鼻器的判斷後，蛇就能準確地捕獲獵物了。

認真回答完兒子的問題後，研究嗅覺和味覺運行機制的奧茲德納靈機一動——那麼，人類的舌頭是否也能聞到味道呢？一開始，奧茲德納說出這一想法時，被同事們認為是天方夜譚。幾番討論後，他們決定使用莫內爾中心開發的方法試一下。先是在培養液中保持人類味覺細胞的活性，而後利用遺傳和生物化學方法檢測味覺細胞的培養基。結果發現這些味覺細胞中，果然含有許多已知存在於嗅覺感受器中的關鍵分子。

接下來，研究員使用被稱為鈣離子成像的方法發現：培養基裡的味覺細胞對氣味分子的反應方式與嗅覺感受器細胞相似。這一結論也得到了莫內爾中心科學家其他實驗的證實。同時，這也表明單個的味覺細胞同時包含了味覺和嗅覺感受器。奧茲德納將這些結果撰寫成論文，並於 2019 年 4 月 24 日發表於《Chemical Senses》雜誌網路版。

在論文中，他興奮地寫道：「嗅覺感受器和味覺感受器存在於同一個細胞中，將為我們研究舌頭上氣味和味覺刺激之間的相互作用提供巨大的空間。」沒錯，這個最新發現有助於人類更深入地瞭解嗅覺和味覺相互作用的本質和機制。與此同

時，它也為瞭解嗅覺系統如何探測氣味提供了新的途徑。

假以時日，它也最終將改變人類的味覺感知。

生物學上，嗅覺由嗅神經系統和鼻三叉神經系統這兩個感覺系統參與。通常我們鼻子輕輕一吸，不就能聞出什麼味了嗎？但它全程都需要嗅覺細胞的參與。人類的嗅覺細胞就像是個圓瓶，細胞頂端有許多短纖毛。當這些纖毛受到空氣中化學分子的刺激時，就會發送神經衝動。等到神經衝動傳回大腦的嗅覺中樞，我們就聞到味道了。

那為什麼我們感冒時，就不能聞到味道了呢？這個時候鼻子裡的嗅神經本身功能還是正常的。但為了抵抗入侵的病原體，鼻腔裡的鼻黏膜會奮起反抗，結果就會充血水腫發炎，導致分泌物增多。當鼻黏膜被分泌物全部覆蓋之後，味道就刺激不到我們的嗅覺細胞，當然也就不能刺激到嗅神經末梢，我們就聞不到味道了。一般情況下，我們捏著鼻子時嗅覺也會減弱不少。不過當我們鼻子恢復正常後，聞氣味的能力也會逐漸恢復。如果是病毒直接損傷了嗅覺神經，就會恢復得慢一點兒。而由於鼻竇炎、鼻息肉等疾病產生嚴重鼻塞時，都會造成無嗅覺的現象。

別以為無嗅覺只是聞不到味道而已，它可是會大大影響我們的味覺體驗的。因為當我們吃東西時，食物的氣味會透過口腔後方的空氣傳遞到鼻腔中，就形成了鼻後嗅覺。同樣的食物，透過鼻後嗅覺「聞到」的氣味，和從鼻孔進入的分子產生的氣味，可能是完全不同的。比如聞的時候可能是臭的，但鼻後嗅覺感知到的卻是非臭味。你的大腦知道每一個嗅覺訊號來自何處，這些嗅覺訊號有些來自鼻孔，有些則來自嘴巴。鼻後

嗅覺和舌頭上產生的味覺資訊抵達我們的大腦，它們會在一個叫「前腦島」的結構中整合起來，形成了食物特有的味道。所以很多人把食物味道等同於味覺感受是不準確的。事實上，大多數食物和飲料的獨特味道更多地來自嗅覺，而不是味覺。

是的，鼻子也是會嘗味道的。這也是為什麼捏著鼻子會品嘗不出味道的原因。

眾所周知，哺乳動物舌背面和側面分布有 4 種乳頭狀突起。它們分別為輪廓乳頭（circumvallate papilla）、葉狀乳頭（foliate papilla）、菌狀乳頭（fungiform papilla）和絲狀乳頭（filiform papilla）。除絲狀乳頭外，其他三類舌乳頭因含有味蕾又被稱作「味乳頭」。這些長得像洋蔥似的味蕾，是我們能嘗出味道的關鍵。在咀嚼和吞咽的過程中，食物就會隨著唾液擴散到舌乳頭上。一旦舌乳頭上的味蕾接觸到這些食物分子，味蕾上的味覺受體細胞就開始協調工作了。

而這些味覺受體細胞也有著自己的「舌頭」，就是鑲嵌在細胞膜的某些蛋白質分子，也就是受體。這些蛋白質能特異性地與某種帶有「味道」的化學物質結合，並編碼成神經電訊號，傳送至大腦形成味覺。目前，苦味、甜味、鮮味、酸味和鹹味的受體分別在 2000 年、2001 年、2002 年、2006 年和 2010 年相繼被找到。不過，感知食物質地的受體仍然逍遙「法」外，不知蹤跡。除了鼻後嗅覺的影響外，味覺的形成遠不是味蕾那麼簡單。其中，最為有趣的是溫度會影響味蕾的敏感性。凍得結實的冰淇淋吃起來味道剛剛好，但化了以後繼續吃就會覺得太甜了。類似地，人們對苦味、鮮味的感受隨著溫度的變化而改變。50% 的人還能嘗出溫度本身的味道：對舌頭加熱會讓它嘗

到甜味，而冷卻舌頭會導致酸味和鹹味。

　　從上文可見，我們每天的吃喝調動著嗅覺和味覺等感官。不僅是生理上，我們品嘗食物時還會受心理、遺傳等因素的影響，從而形成了我們對食物的獨特感受。而當下這種吃的感覺，正是所有的影響因素最終彙集到大腦的結果。興許當我們瞭解其中的奧妙後，吃起來會別有一番風味呢。

參考資料：

◎ COLLINGS V.Human taste response as a function of Locus of stimulation on the tongue and soft palate[J]. Percep. Psychophys,1974,16(1):169-174.

◎ BAKALAR N. Sensory science: Partners inflavour[J]. Nature, 2012, 486(7403): S4–S5.

◎ KUPFERSCHMIDT K.Following the Flavor[J]. Science, 2013, 340(6134): 808-809.

第四章

掰手指一時爽，一直掰，得「諾獎」

　　小時候常學著電視劇裡的古惑仔把手指關節掰得嘎嘎響，感覺無比威風。這時，長輩的一句話可能瞬間澆滅你的霸氣。「經常掰手指，以後可是會得關節炎的！」這話聽著還是有些讓人擔心的，但是一個當時 20 多歲的美國人偏不信。他倔強地掰了 50 年手指，最後在「搞笑諾貝爾獎」頒獎禮上對他媽喊話：「媽媽，你錯了！」

　　唐納德・昂格爾是一位美國醫學博士。60 多年前，他還是個 20 多歲年輕氣盛的小夥子。昂格爾小時候常常掰手指，卻總是被母親、姨媽等長輩潑冷水。長輩們告誡說掰手指會造成關節炎，因此不可以經常這麼幹。掰手指真的會導致關節炎嗎？這位醫學博士不禁陷入思索。如果有什麼最低成本的逞威風形式，掰手指算是一種。嘎嘎作響的手指關節搭配不可一世的神情，身體由內而外散發出「我很能打」的訊號，這時自己彷彿就是整個街區最凶猛的小子。

　　但如果若干年後，因為這小小的舉動患上關節炎，這不免萌生讓人「打臉」的恥辱感。昂格爾心生疑惑，決定親自試驗掰手指到底會不會得關節炎。最直接的方法就是用自己的雙手做實驗。他開始每天至少掰兩次左手的指關節，而右手則幾乎從來不掰。一雙手剛好形成了實驗組和對照組。接下來昂格爾

要做的，就是每天重複實驗，一定時間後再看效果。普通人只為了爽一爽的掰手指，而昂格爾把這當成了任務和工作，日復一日地掰手指。

沒想到，這份執著與求知心並沒有隨著年歲增長而消逝。昂格爾這麼一掰就掰了 50 年，從小夥子掰成了白髮蒼蒼的老爺子。50 年後的 1998 年，昂格爾的左手已經被掰了至少 36500 次。但無論是肉眼觀察，還是給手指拍 X 光片，都看不出兩隻手有任何異常。也就是說，昂格爾掰了 50 年的左手而沒有因此患上關節炎。而手指腫大等手型變化也沒有出現。

昂格爾興奮地把這項研究內容發表了出去。一篇名為〈指關節開裂會導致手指關節炎嗎？〉（Does knuckle cracking lead to arthritis of the fingers ？）的論文橫空出世。文章中用嚴肅的語氣說明了這項趣味實驗的研究過程。時隔數十年，他終於證明了自己童年時長輩給出的告誡是錯誤的。

做了半個世紀的掰手指實驗聽起來荒誕稀奇，但也不無道理。這位醫學博士用充滿嬉鬧意味的實驗，證明了了不起的醫學探究。昂格爾憑藉這項研究獲得了 2009 年的「搞笑諾貝爾獎」。站在頒獎舞臺上，昂格爾仍不忘反諷母親當年的錯誤教導。

時年 83 歲的老人像孩子般隔空喊：「媽媽，你錯了！你看到了吧，我可以不吃花椰菜*了嗎？」

---

* 有研究指出，花椰菜中富含蘿蔔硫素，有助於緩解關節軟骨被破壞速度，預防關節炎。（Davidson R K , Jupp O ,Ferrars R D , et al. Sulforaphane Represses Matrix Degrading Proteases and Protects Cartilage From Destruction In Vitro and In Vivo[J]. Arthritis & Rheumatism, 2013：65. ）

昂格爾老爺子的趣味實驗的確解答了醫學難題，掰了50年手指的他沒有患上關節炎。但昂格爾的實驗中只有自己的一雙手作為樣本，顯然說服力不足。掰手指和關節炎之間的關係無法就此合理撇清。這場曠日持久的實驗所得出的結論也沒有普遍適用性。實際上，有更嚴謹的實驗表明，掰手指的確不會引發關節炎。2011 年，一項研究對 215 位實驗者進行掰手指與手骨關節炎的相關性實驗。結果證明，掰手指和手骨關節炎並沒有顯示相關性。而關節炎基本只和家族遺傳病史、繁重勞動經歷、曾受到關節創傷等因素有關。昂格爾的觀點也因此得到有力的佐證。

　　大概可以想像，50 年里昂格爾一邊擔心一邊掰手指的場景。隨意挑選任意一隻手的任意一隻手指，就可以用另一隻手按壓。這時，你就會聽到一聲清脆爽朗的響聲，隨之而來的是相連兩塊骨骼得到鬆弛的絕佳體驗。不僅手指，全身骨骼的任何一個關節處都可能產生類似的聲響。有的人甚至轉個身就能發出劈哩啪啦的喜慶「鞭炮聲」。

　　在體驗掰手指的過程中，關節腔裡的一系列運動也搭配得恰到好處。各處關節之間並非直接相連，而是共處一個關節腔，透過腔室連接。關節腔裡充滿了像蛋清一樣的滑液。滑液充當關節之間的潤滑和緩沖劑，於是關節才得以順暢地轉動、彎折而不會輕易受到損傷。當關節受到拉扯時，腔體內的滑液迅速做出相應調整。這時滑液會析出氣體，在關節腔中形成氣泡。在猛然擠壓之際，氣泡瞬間破裂，並發出清脆的聲響。而通常要等 15 分鐘之後，關節腔中才會重新積累氣泡，再次發出響聲。

這個正常的關節運動竟意外地為人帶來極度舒適的體驗。這種行為帶來的體驗類似於擠破塑膠泡泡球的解壓洩憤效果。不過這氣泡廣泛存在於自己的身體裡，反而成了天然的「玩具」。但還有一種觀點認為，造成響聲不是因為氣泡破裂，而是形成了新的氣泡。有科學家透過核磁共振成像，觀察掰手指時關節處的變化情況。當手指骨骼開始拉伸時，關節腔中產生了一個黑色的氣體空腔。直到手指被拉伸到產生「嚇」一聲響，空腔仍然存在。這說明，響聲可能與形成了這個氣體空腔有關。

　　但無論最終是哪種理論勝出，都不能改變掰手指會「一時爽」的事實。不就掰個手指「爽一爽」嗎？怎麼和關節炎扯上了關係呢？關節炎可謂亞洲人的常見病。在亞洲，大約每 6 個人中就有 1 人患有關節炎。關節腫痛、發紅……關節炎的病症基本相似，但成因卻十分繁雜。而所謂掰手指的惡果，大概就是骨性關節炎了。但醫學研究認為，骨性關節炎主要是由關節磨損、內骨折等因素導致的。常見的病發部位在大骨骼的銜接關節，例如膝蓋。同時也並沒有證據可以表明掰手指能造成關節炎。

　　所以雖然關節炎具體成因仍不是很清晰，但至少以往的研究已經還了掰手指一個清白。起碼從小被長輩恐嚇掰手指會導致關節炎的言論，是不成立的。實際上掰手指不僅不會患上關節炎，反而有意想不到的好處。關節彈響除了帶來充滿威力的響聲，還會刺激關節周圍的毛細血管和末梢神經。這樣一來，局部血液循環得到增強，也就有助於消炎和解除痙攣。而且手指掰響之後通常伴隨有一陣短暫的舒適感，這其實是關節的靈

活性增強了的效果。但掰手指也並不全無弊端。畢竟力氣用在自己身上，用重了也許還會出現損傷。

　　要是因為一時興奮或憤怒而用力過猛，關節周圍的韌帶可能因此受到損傷，可就威風耍不成反倒丟了臉。如果不信掰手指用力過猛會損傷韌帶的話，不妨學著老爺子掰 50 年手指。

　　說不定屆時你也能告訴全世界，這個說法是錯的。

參考資料：

◎ MIRSKY S. Crack Research: Good news about knuckle cracking: Scientific American[EB/OL]. [2019-01-21]. https://www.scientificamerican.com/article/crack- research/.

◎ UNGER D L. Does knuckle cracking lead to arthritis of the fingers? [J]. Arthritis& Rheumatology, 2010, 41(5):949-950.

◎ 袁鋒 . 為什麼掰手指會響 : 科普中國 [EB/OL]. [2018-04-28]. http://www. kepuchina.cn/wiki/faq/201804/t20180428_624322.shtml.

◎ DEWEBER K, OLSZEWSKI M, ORTOLANOR. Knuckle Cracking and Hand Osteoarthritis[J]. The Journal of the American Board of Family Medicine, 2011, 24(2):169-174.

第五章
為什麼貴為大英王子，
卻長出了最受鄙視的「生薑頭」？

　　基因是強大的。英國皇室的王子們，幾乎都沒有逃過禿頭的魔掌。每次亮相，這個家族後移的髮際線都備受矚目。但說到皇室的基因遺傳，細心的人必然還能發現哈利王子的一頭紅髮。紅髮，本身就是世界上最罕見的髮色。而哈利則是整個英國皇室中，唯一一位擁有紅頭髮的王子。

　　看看其他家族成員，無論是其哥哥威廉王子，還是其父親查理斯王子，髮色都是金色的。而且哈利的母親戴安娜王妃，也是一位金髮女郎。這不禁讓人懷疑起哈利王子的皇室血統。還有的陰謀論家推測，哈利王子是戴安娜王妃與其情人英國陸軍上校休伊特的私生子，因為休伊特的髮色，正是紅色的。

　　不過，幸好在謠言愈演愈烈之時，戴安娜王妃給哈利王子做了親子鑑定。鑑定結果很明確地表示，哈利就是查理斯王子的親生孩子。此外，戴安娜王妃與休伊特的戀情，也是在哈利王子出生之後開始的。

　　那麼問題來了，哈利王子的紅頭髮從何而來？要搞清楚這個問題，我們需要瞭解這一罕見髮色是怎麼誕生的。

　　人類頭髮顏色的差異，主要是毛囊內的兩種色素的沉著不一導致的。而這兩種色素分別為真黑素（Eumelanin，顏色為黑）

和褐黑素（Pheomelanin，顏色為棕紅）。這兩種色素的含量以及比例的不同，都會使髮色不同。其中，真黑素決定人類頭髮的深淺，而褐黑素則使頭髮呈紅色或橙色。通常來說，真黑素越多頭髮顏色越深，反之就越淺。所以，主要產生真黑素的人，往往有黑色或棕色的深色頭髮。相反，主要產生褐黑素的人，髮色則多為紅棕色。雖然這些髮色的表型，在遺傳學上是複雜的，但目前科學家已經發現，黑素皮質激素受體 -1（MC1R）基因的突變可解釋人類紅色頭髮出現的原因。MC1R 基因位於人類的第 16 號染色體，黑素細胞可控制 MC1R 基因的合成與表達。

當 MC1R 基因正常表達時，黑素細胞會傾向於合成真黑素。但當 MC1R 基因表達異常時，黑素細胞產生兩種色素的比例就會改變，由原本合成真黑素切換為主要合成褐黑素。於是，我們便能看到一頭火紅的頭髮。也就說，MC1R 基因突變，導致了真黑素減少、褐黑素增多，從而產生紅色頭髮。因此 MC1R 突變基因，也被稱為「紅髮基因」。在世界上，擁有紅色頭髮的人只占總人口的 1% 到 2%。除了紅頭髮，他們還伴有一些其他特徵，例如皮膚白皙、較多雀斑、較淺瞳色，以及更容易被曬傷等。真黑素是人體的天然防曬神器，能抵禦陽光的曝曬。所以，皮膚白皙的紅髮者不但易曬傷，還更容易患上黑色素瘤。

走出非洲模型認為，現代人類起源於非洲，之後再向北遷移至歐洲和亞洲。那時候，這批移民的 MC1R 基因很可能都是正常的。因此，如今看到的非洲土著都是黑髮、黑皮膚的，這更能抵禦陽光的侵襲。人類學家猜測，隨著人類向北遷移到

少有強陽光輻射的地區，自然環境對 MC1R 基因的選擇壓力也就降低了。這時，MC1R 基因的突變（也就是紅髮基因）才得以保留下來，並透過遺傳漂變在歐洲開枝散葉。所以，紅髮基因的分布並不均勻。他們主要集中在北歐和西歐，占當地人口的 2% 到 6%。

而且，紅髮屬於隱性性狀。只有當人體內攜帶有兩個變異的 MC1R 基因，頭髮才是紅色的。也就是說，父母雙方每人至少含有一條紅髮基因，其後代才有可能是紅色頭髮的。因此，攜帶紅髮基因的人，比實際擁有紅髮的人要多得多。

現在回到哈利王子紅頭髮的問題上。我們可以看見戴安娜王妃與查理斯王子，都是非紅髮的，那麼要想哈利王子擁有一頭紅髮，這對夫婦就必須都是紅髮基因的攜帶者。這樣，他們才有 25% 的機會生下一個紅發寶寶。事實上，戴安娜王妃出生的斯賓塞家族，就有紅髮基因。無論是王妃的姐姐莎拉，還是王妃的弟弟厄爾，都擁有一頭紅髮。

而英國本身也是擁有紅髮基因者最多的地區。有 4% 的英國人屬於紅色頭髮，更有高達 28.5% 的英國人是紅髮基因的攜帶者。所以說英國皇室，攜帶紅髮基因並不奇怪。事實上，在英國皇室的族譜中就曾有過紅髮者。而且，隨著年齡的增長哈利王子的髮際線已逐漸後移。這個特徵顯現，已經沒有多少人去懷疑他的身世了。

不過，即便不是因為惹上緋聞，紅頭髮本身就已經讓哈利王子受盡委屈。因為在西方人的髮色「鄙視鏈」裡，紅髮就處於最底層。擁有紅頭髮的人，會被稱為「Ginger head」，意為「生薑頭」。這並非一個中性詞，而是帶有貶義。在我們看來挺漂

亮的紅頭髮，在西方人眼中，反而成了一種侮辱。很多童話故事、名著小説和影視作品中，紅髮角色一般都是眾人欺負的對象。哈利王子上學時，就有過被嘲笑的經歷。他甚至還被前女友殘忍地稱呼為「大生薑」。在西方人的刻板印象中，紅髮者一般是野蠻、粗放、性情古怪且脾氣暴躁的。雖然對於紅頭髮的女子，西方人會認為她們更具有性吸引力，但大多數時候，這並不代表紅髮女郎更受歡迎與尊重。受刻板印象的影響，大部分男性都會對這些「情緒不穩定」的紅髮女子望而卻步。有時候，她們甚至還會成為被輕視與騷擾的對象。

相對紅髮女郎，「生薑頭」男孩就更受欺辱了。一項以愛爾蘭科克郡為基礎的研究就顯示，90% 的紅髮男子都曾是眾人欺凌的受害者。西方人對紅髮的歧視歷史，可以追溯到幾千年前。當初，人們並非生來鄙視紅髮，而是鄙視這一髮色代表的民族與血統。

一個説法認為，這種行為源於對大不列顛島的一批原住民凱爾特人的鄙視。凱爾特人最明顯的體貌特徵，正是紅髮。不過，凱爾特人並不等於英國人。因為英國歷史是從羅馬帝國開始的。那時，羅馬將軍凱撒以征服者的姿態，挺進了大不列顛島。羅馬人的頭髮，是黑色的。所以作為最初統治者的象徵，在許多西方人眼裡黑色頭髮往往代表著最尊貴的血統。在這之後，羅馬帝國日漸衰落。此後，在德國境內的日爾曼人三大部落（分別為撒克遜人、盎格魯人和朱特人），就渡海遷移到了大不列顛島上。這在歷史上稱為「日爾曼人大遷移」，也奠定了今後大不列顛島的人口組成。而日爾曼人的頭髮顏色，是金色的。

當時，紅頭髮的凱爾特人不是被殺就是成了奴隸。另一部分倖存者，則向西北遷移成了蘇格蘭人、威爾士人、愛爾蘭人的祖先。所以作為征服者，金色的頭髮自然是更尊貴的。而頂著一頭紅髮的凱爾特人，也因被征服者的身分而處於髮色「鄙視鏈」的底端。其實看《哈利波特》裡設定的髮色鄙視鏈，就一目了然了。由於哈利擁有與凱薩大帝一樣的黑色頭髮，所以哈利主角光環全開，成為了智慧與勇氣的象徵。而金髮的公子哥馬份，則常嘲笑出生自紅髮衛斯理家族的榮恩。這甚至還帶有諷刺榮恩父母精力旺盛的意味。因為紅髮者常被認為精力旺盛，所以小說的情節設定中髮恩就擁有著眾多兄弟姐妹。而在小說中，髮恩的性格也符合西方人對紅髮的刻板印象，情緒容易激動等。

　　到了中世紀，紅髮者更是受盡了迫害。那時候，紅頭髮不但是一種性慾旺盛和道德墮落的標誌，還常常被人與魔鬼或巫術等聯繫在一起。在女巫狩獵期間，女巫審判手冊《女巫之錘》（*Malleus Maleficarum*）中，就記載著紅髮、綠眼睛是女巫、狼人或吸血鬼的特徵。這些紅髮女郎常被扒光衣服，檢查其身上是否還存在其他的女巫標誌。所以，在那段時間歐洲紅髮者的生命是非常短暫的。

　　在西班牙情況就更糟糕了。當時的異端裁判所，會將所有紅髮者都認作是猶太人或巫師。如果在街頭遇上一位紅髮女郎，路人可以肆意對她吐口水。

　　直到現代，對紅髮者的刻板印象依然難以消除，所以才有這麼多尷尬的事情出現。不過時代在進步，人權運動已經在行動。無論如何，一個人與生俱來的外貌不應該成為受鄙視或欺

辱的理由。

參考資料：

◎ Red hair. Wikipedia. [DB/OL].[2020-06-28]. https://en.wikipedia.org/wiki/Red_
hair.

◎ REES J L.Genetics of hair and skin color[J].Annu Rev Genet,2003,37:67-90.

◎ STURM R A. Skin colour and skin cancer - MC1R, the genetic link[J]. Melanoma
Res, 2002,12(5):405-416.

第六章
在母親體內迷路數十年，
有些胎兒打算永遠長住下去

　　1582 年 5 月 16 日，法國桑斯鎮的科隆莫‧查蒂夫人去世，享年 68 歲。即便查蒂夫人已去世，大眾對她的身體依然充滿了好奇。因為坊間傳聞，她的肚子裡還住著 28 年前懷上的孩子。這聽起來，就像一個極其不可信的恐怖謠傳。然而，事情並不簡單。因為，28 年前的那次「假分娩」實在過於離奇。

　　她懷胎 10 月，卻始終生不下孩子。腹中胎兒，也在她身體中待了整整 28 年，因此也被稱為「桑斯怪胎」。1554 年，查蒂夫人就被檢查出了懷孕。這是她的第一次懷孕，本來是件值得高興的事情。在懷孕期間，她身體的一切症狀都很正常，和普通孕婦沒有什麼差別，如月經停止、乳房腫脹、肚子慢慢變大，等等。她甚至能清晰感受到胎兒在她體內調皮搗蛋。但就在分娩時，奇怪的事情就出現了。除了大量混著血液的羊水之外，她竟什麼也沒有生出來。相反，查蒂夫人的宮縮、陣痛感很快就消失了。

　　在這之後，她就像真的分娩完畢一樣，不再出現妊娠反應。明明孩子還沒出生，她的胸部開始變小，月經恢復來潮，胎動也消失了。之後的三年裡，她也因腹痛不得不臥床休養，無法參加勞作。而鼓起來的肚子，也讓查蒂夫人懷疑自己腹中

長了一個巨大的腫瘤。直到生命的盡頭，她時常覺得身體不太舒服，伴有腹痛與食欲不振，但因病情時好時壞，她也一直沒有找醫生檢查，稀哩糊塗地就過完了一生。

然而人們的議論並未隨著查蒂夫人的逝世消失。她的鄰居們，都懷疑那孩子還未出生。在查蒂夫人去世時，她的丈夫找來了兩名外科醫生對妻子進行解剖。丈夫對流言蜚語感到無奈，想要一個真相。而且他也隱隱覺得，自己的親生骨肉很可能還活在妻子的體內。

結果不查不知道，一查嚇一跳。外科醫生還真在她的腹部找到了一塊不規則、巨大的硬塊。醫生起初也都猜測這是某種類型的腫瘤。但當破開鱗狀外殼後，眼前的情形差點兒把他們都嚇壞了。

這裡面竟是一個蜷縮著的女胎，連頭髮紋理、牙齒，以及未閉合的囟門都清晰可見。她的頭部略微朝左傾斜，並由左臂支撐。其右臂則向肚臍位置延伸，半截手臂沒入腹中。很難想像這個孩子已經在查蒂夫人體內待了整整 28 年。直到母親去世後，她才得以這種形式來到人間。只不過，胎兒早已沒有了生命體徵。

在這之後，其中一名參與解剖的外科醫生保留了這具胎兒屍體。他將此寫成醫學報導，並將其多次展覽，最後賣給了商人。在那個剖腹產與超聲波還未出現的時代，這個長期懷孕的故事就不斷被提起。

所以，「桑斯怪胎」也因此出了名。

許多人都會慕名而來，就為了看「桑斯怪胎」一眼。按理來說，「桑斯怪胎」被取出時已經有 27 歲了。於是當時還傳

出一個更離奇的謠言，說「桑斯怪胎」很可能已經懷孕，也叫 fetus in fetus（胚胎中的胚胎）。但可惜的是，經過多次展覽，到 1826 年她就從丹麥自然歷史博物館失蹤了。從此，再也沒有人見過「桑斯怪胎」的蹤跡。

當然，用現代醫學的眼光看，胚胎再次懷孕是不可能發生的。但胎兒能在母親體內滯留數十年，卻有可能發生。而這也正是傳說中的「石胎」（Lithopedion）。在臨床上，這是極其罕見的情況，可以用奇蹟來形容。

婦女懷孕，正常情況下受精卵會被纖毛運動輸送至子宮，開始著床與發育。而石胎的出現，則源於孕囊在母親體內的迷路。受精卵會受種種因素干擾，不能被順利「運送」至子宮內，開始「流浪」。若它們在子宮腔外的其他組織上著床發育，便成了異位妊娠。這也就是我們常說的子宮外孕，包括輸卵管妊娠、卵巢妊娠、子宮頸妊娠與腹腔妊娠等。輸卵管妊娠概機率為 95% 到 96%，卵巢妊娠 3%、子宮頸妊娠低於 1%、腹腔妊娠 1%。但異位妊娠，並不代表石胎必然會發生。其中，只有腹腔妊娠有可能發展成為石胎。不過，腹腔妊娠的發生率很低，只占異位妊娠的 1%。大約 15000 次妊娠中，才只有 1 次屬於腹腔妊娠。

而腹腔妊娠最終發展成石胎的機率，則只占其中的 1.3% 到 2%。從有醫學文獻記錄開始往前追溯 400 年，記錄的石胎案例也只有 300 多例。受精卵在腹腔安營紮寨後，就開始想盡辦法「偷取」營養維持生長發育了。腹腔妊娠發生時，受精卵就會黏附於腹腔臟器表面。腹腔內，可供胚胎發育的空間及營養，遠優於其他位置。這些臟器部位的血管與胎盤絨毛血管吻合，胎兒便能從增生的血管竊取養分，以滿足生長需求。

在歷史上，還曾有婦女順利將腹腔妊娠的胎兒誕下，母子平安。這算是人類醫學史上的奇蹟。完全不依靠子宮，人類也能孕育後代。儘管腹腔妊娠成功誕下胎兒的機率極低，只占腹腔妊娠的 1%。但這也成了醫學界幻想的、男性懷孕的一種可能性。

當然，奇蹟可不會發生在絕大多數人的身上。腹腔始終不是孕囊正確的著床位置。腹腔妊娠的大多數胎兒，相當於走進了死胡同。有 75% 到 90% 的胎兒會死亡，只有極數少能夠發育至足月，能順利分娩就更少了。像查蒂夫人的胎兒發育到了足月，就已經極其罕見了。當胎兒死去後，其身體就會被母體慢慢液化、吸收。可有時候，胎兒已經發育得太大了（一般到 14 週以後），死胎就很難被母體重新吸收了，同時，難以吸收的死胎還會嚴重影響母體健康，如果併發感染，可能會形成膿腫。一旦膿腫破潰，則會引發更加嚴重的腹腔感染。

人類的身體，總是在試圖保護自己。於是，母體對付死胎也有一套策略，那就是鈣化。機體會分泌鈣質，將死胎與其黏連的臟器部分包裹起來。這便形成了一個鈣化殼，分解的胎兒組織便不會對女性身體造成更大的影響。而時間久了，整個胎體便可能完全鈣化，變成真正的石胎。

在摩洛哥有個傳說，那些未能出生的孩子，會在肚子中施法保護母親。這樣看來，鈣化的石胎確實有保護母親的作用，算是不幸中的萬幸。查蒂夫人，便是歷史上有醫學文獻記載的第一個石胎孕婦。但這絕對不是人類歷史上的第一個石胎案例。1993 年，考古學家就出土了一具 3000 多年前的石胎。

此外，如果石胎形成後不壓迫到周圍組織，母親一般不會

感到太大的異常。在這種相互隔離的情況下，石胎甚至能與母體和平相處一輩子。母親月經會恢復正常，也能繼續懷孕。有些母親體內還有石胎滯留，之後竟還陸續養育了幾個孩子。所以，很多婦女也就這樣錯過了檢查機會。

在歷史上，已知石胎年齡最長的案例為中國的黃義軍老奶奶。1948 年，她就因腹腔妊娠形成了石胎。但因為當時條件所限，石胎在她肚子裡竟滯留了 65 年。因腹腔妊娠的迷惑性很大，如果不想發生以上悲劇，產檢就顯得非常必要了，可在石胎形成之前，就將其手術移除。

幸運的是，現下的醫療條件與水準已與過去不同，有了極大的進步。無論是石胎，還是異位妊娠，都可以被儘早發現。我們能看到石胎的機會，也只會越來越少。就讓這些迷路的孩子，成為過去式吧。

參考資料：

◎ Lithopedion: Wikipedia[DB/OL]. [2020-07-02]. https://en.wikipedia.org/wiki/Lithopedion.

◎ BONDESON J.The earliest known case of a lithopaedion[J].J R Soc Med,1996,89(1):13-18.

◎ MISHRA J M，BEHERA T K,PANDA B K,etal. Twin lithopaedions: a rare entity[J]. Singapore medical journal,2007,48(9):866-868.

第七章

非男即女？
人類的基因世界哪有這麼簡單

　　出生的那一刻，有兩個問題是所有人都會關心的：一是產婦是否平安，二是孩子的性別。這時，只需要拉開小寶寶雙腿一看便知究竟。之後，這個透過肉眼觀察外生殖器判定的性別，便會被寫進身分證，伴你一生。但某些情況，卻讓醫生和助產士都感到為難。這時，已不是看其「有沒有小雞雞」，就能找到答案了。

　　明明有睪丸，生殖器卻不成形，尿道下裂如女性陰戶；天生有子宮，但陰蒂卻粗大如陰莖，陰脣變長而狀似陰囊……類似的新聞雖然稀奇，但卻並不少見。不過，也別以為自己出生時性徵明顯，就能高枕無憂了。有些人甚至到死的那一刻，都沒搞清自己到底是男是女。例如，有的人以女兒身過了 20 年，月經初潮卻遲遲未至，結果去醫院一檢查，竟是男兒身。已兒孫滿堂的老漢，到晚年才發現自己體內竟然也有可孕育後代的子宮。根據現有的定義，確定人類性別的必要條件是性染色體。

　　我們都知道，正常人類擁有 23 對，也就是共 46 條染色體。其中有一對為性染色體，與人類性別發育相關，通常用「X」和「Y」來表示。擁有 XX 型性染色體使人表現出女性特徵，

而擁有 XY 型性染色體則表現出男性特徵。但性別，可能比人們最初想像的要複雜得多。長久以來，醫生早就發現不少案例是介於這兩者之間的。

在醫學上，這也被稱為「性別分化異常」（Disorders of Sex Development，DSD），指染色體（XX/XY）、性腺（卵巢／睪丸）、外生殖器的表現不一致。他們的染色體核型是一回事，但是性腺和外生殖器又是另一回事。在過去，這些人都被稱為「雙性人」。現有醫學表明，性別分化異常大約占新生兒的1%。也就是說，每一百位新生兒出生，就有一位需要面臨性別不明的難題，這種情況並不罕見。

受精卵形成的那一刻，性染色體就已確定。但即便如此，每個人在胚胎時期都需要經歷一段「不男不女」的時期。截至妊娠 6 週，胚胎都是沒有性別的，屬雙性共體。無論性染色體是 XX，還是 XY，人類胎兒都有一對生殖脊和兩副導管，具有形成睪丸或卵巢的雙向潛能。直到第 7 週，胎兒才開始進行性分化。如果胎兒為 XY 染色體，那 Y 染色體上一個叫作 SRY 的基因（Y 染色體性別決定區）就會開始發揮作用。這個基因也就是俗稱的「男子漢基因」，可誘導睪丸的形成，並抑制卵巢的形成。若胎兒為 XX 染色體，沒有 SRY 基因，到妊娠第 10 週至第 11 週，卵巢就會開始發育形成。睪丸和卵巢這兩種性腺，就會開始產生不同的性激素。對於女性，卵巢分泌的雌激素將促使米勒管（Mullerian ducts）分化為輸卵管和子宮。而對於男性，睪丸分泌的雄激素則會使得另一套管道中腎管（Wolffian ducts）發育，形成附睪、精囊，及輸精管。

在這之後，不同的性激素還決定著外生殖器的發育，以及

影響未來第二性徵的出現。這個過程是至關重要的，任何變化都很容易對個體性別產生影響。其中出現任何紕漏，都有可能造成性別分化異常。而妊娠的前 7 週，也會有盼子心切的人服用了不法分子叫賣的「轉胎藥」、「生子方」。這些偏方中往往含有大劑量的雄激素，試圖逆轉嬰兒的外生殖器表現型。但實際上孩子的基因型並沒有變化，很可能導致孕婦誕出一個性別分化異常的「雙性人」。總的來說，性染色體及其相關基因決定性腺的形成；性腺分泌的激素又決定性器官和第二性徵的形成。

只有性染色體、性腺、內分泌，以及生殖器等種種因素齊頭並進，才能在生理意義上精確地定義男或女。任何一處脫節，後果都是嚴重的，而出現的性別分化異常類型也不同。光是性染色體層面上出現異常，就已有很多種類型。除了正常的 XX 和 XY，性染色體還可以是 XYY、XXY、XXX、X 或 XXYY 等各種核型。其中，女性少了條 X 染色體，稱為透納症候群（Turner syndrome），核型為「45,XO」。

目前有研究表明，X 染色體的短臂和長臂上，均有控制性腺發育和身高的相關基因。故 X 染色體缺失或異常，將會引起單倍劑量不足，導致性腺不發育。此類患者身材矮小，身高一般不超過 150 公分。此外，因性腺發育不全，患者第二性徵亦發育不良，外生殖器為女性幼稚型，閉經、不孕。

而克林菲特症候群（Klinefelter syndrome），則是指男性多了一條（或多條）X 染色體，一般核型為「47,XXY」，少數為「48,XXXY」或「49,XXXXY」。在醫學上，這也稱為「先天性睪丸發育不全」。其臨床表現為第二性徵發育異常、男性女

乳症、性功能低下或不育等。曾經，波蘭著名的短跑選手克洛布科斯卡，被發現是罕見的克林菲特症候群。因為競技運動尤其是體能類運動項目，男性占有明顯優勢。所以克洛布科斯卡被禁止參加女子比賽，並取消了他之前創下的三項世界紀錄。

通俗點說，男性多了一條 X 染色體往往會讓男性不太男人，女性少了一條 X 則讓女性不太女人。相反的，男性多了一條 Y 染色體表現為「超雄症候群」，核型為「47,XYY」；女性多了一條（或幾條）X 染色體，則為「超雌症候群」，核型為「47,XXX」。超雄症候群的表現型在臨床中多以身材高大為特徵，身高常超過 180 公分，智力水準正常或略低。部分患者還會脾氣暴躁，易怒易激動，自制力差，易產生攻擊性行為。雖偶有隱睪、睪丸發育不全等，但大多數男性患者還是可以生育的。而超雌症候群的患者，則大多數比其他染色體異常者要幸運。大多數具有三條 X 染色體的女性無論外形、性功能和生育能力都是正常的。只有少數患者伴有月經減少、繼發閉經或過早絕經等現象。所以絕大多數的超雌症候群患者並沒有被確診，因為她們看上去並沒有什麼異常。

當然，相比於常染色體數量異常，性染色體數量異常的患者確實也要幸運一些。我們最常見的常染色體數量異常，也就是為 21- 三體症候群（唐氏症候群）。因為許多在數量上出現差錯的常染色體變異的人，大多早已胎死腹中。這也是我們少見其他三體症候群或單體症候群出現的原因。

除了普通的性染色體異常，醫學上還存在著一種嵌合型的性染色體異常。這讓性別分化異常患者的臨床表現，變得更加複雜和混亂了。雖然每個人都由單個受精卵發育而來，但最

後卻發展成為由不同基因型細胞構成的混合體，即一個個體內同時具有兩種或兩種以上性染色體核型。例如，「45,XO」和「46,XX」，或「46,XX」和「46,XY」和「47,XXY」的複合核型，核型的比例也千差萬別。

所以說，有的個體其核型可以是 40%「45,XO」外加 60%「46,XX」，也可以是 20%「46,XX」加 80%「46,XY」。因核型比例大小不一，對人的影響也可大可小。在胚胎發育早期，性染色體在細胞分裂中分配不均衡，就會出現這種情況。這讓診斷，更是難上加難。從性染色體上區分男女，就已經讓人頭疼。而在激素層面上，性別分化異常的例子也不少。其中，最常見的一種則為「先天性腎上腺皮質增生症」（congenital adrenal hyperplasia，CAH）。該病通常是由於嚴重缺失一種叫 21 羥化酶的生物酶所致。在胎兒期間，腎上腺會反常地增生，並刺激產生大量的男性激素。於是，原本擁有 XX 染色體的個體，其生殖管道和外生殖器會發育為男性或不全男性型。但實際上，她們卻是女人，很有可能還保留著生育能力。

與之相反的，個體本身具有 XY 染色體，有睪丸和正常水準的睪酮。但由於機體組織對睪丸激素不敏感，他們出生時將會有女性的外觀。這也叫作「雄激素不敏感症候群」（androgen insensitivity syndrome，AIS）。而完全雄激素不敏感症候群（CAIS）患者，其外貌和正常女性是一樣的。所以他們自幼就被當作女孩撫養。很多人都是在青春期發現月經不來潮，才到醫院檢查發現自己沒有子宮，是男兒身。

在中美洲多明尼加共和國的三個村落，不少幼時有女性外生殖器的小孩，進入青春期後卻發育出了陰莖和睪丸。這在當

地也被稱為「12 歲陰莖現象」，屬於 5α- 還原酶缺乏症候群，多發於近親婚配的人群。胎兒帶 XY 性染色體，但因缺乏 5α- 還原酶無法合成一種叫 5α- 雙氫睾酮（DHT）的激素。因而，這些病人出生時外觀為女性，通常在青春期開始雄性化。在這些村落裡，大家都對此習以為常，並將這些孩子視為「第三性別」或「隱性人」。如果到青春期，「女孩」轉為男孩，那當地人甚至還會為此而慶祝。畢竟這也意味著，他們以後在社會中得撐起男人的責任了。但在世界範圍內，對性別分化異常患者的態度可不都像多明尼加共和國那般友好。這種「模棱兩可」的性別，很難得到性別二元化社會的認可。

從 20 世紀 50 年代末起，歐美國家便開始常態性地施行矯治雙性人的醫療手術。當時一貫認為，只要在 18 個月內進行「性別指派」，幼兒的性別就是可塑的。然而相當部分雙性幼兒，卻常常出現對指派給自己的性別的懷疑，有的甚至要求重新更換性別。據美國雙性人組織的發言人透露，約有 60% 的雙性人試圖自殺，約 20% 的人已經自殺。

不過，一切都在慢慢變好。隨著對性別的深入認識，治療也變得更加周全謹慎。醫生會綜合考慮外生殖器、生殖道、性腺的優勢、性染色體的核型，以及患兒的自我認同、家長的意願和社會融入，等等。患者也有權力選擇自己的性別，也可以選擇繼續維持「第三性」。

參考資料：

◎ AINSWORTH C. Sex redefined: Nature[EB/OL]. [2015-02-18]. https://www.
nature.com/ news/sex-redefined-1.16943.

◎ Disorders of sex development: Wikipedia[DB/OL]. [2020-07-15].https://
en.wikipedia.org/ wiki/Disorders_of_sex_development.

◎ 伍學焱, 張化冰. 嵌合型染色體致性別分化異常 [J]. 中國實用內科雜
誌,2004.24(11):653-655.

◎ 林紅. 人類學視野下的性別思考 : 以間性人的境況為例 [J]. 廈門大學學
報 (哲學社會科學版),2012,(03):63-68.

第八章

孕婦終極悖論：止不住的孕吐，吐掉的卻是給胎兒的營養

　　人為什麼會嘔吐？嘔吐其實是人類在進化中獲得的一種防禦機制。嘔吐本身不是病，而是有病的症狀，甚至能減輕病情。嘔吐最常見的原因是食物中毒，其能將有毒物質吐出，減少毒素被人體吸收的量，從而降低對人體的傷害。而將胃裡東西吐出後，人體甚至還會感到前所未有的輕鬆。由於具有鎮痛作用的內啡肽（類似嗎啡的物質）釋放，你甚至會產生一絲快感。但怪異的是，嘔吐有時甚至不是疾病的症狀，而屬於一種正常生理反應。這，也就是我們常說的孕吐。

　　有 70% 到 80% 的孕婦，在懷孕早期會出現孕吐症狀。它一般出現於妊娠的第五週或第六週，之後又會在妊娠滿三個月之後悄然消失。懷孕期嘔吐如此高頻，也難怪人人都把噁心、嘔吐等當作懷孕的指示。而相對其他嘔吐，孕吐是特殊的。到現在，人們都沒能弄懂這一普遍存在的現象。因為仔細一想，你就能發現，孕吐的存在是自相矛盾的。孕婦不是食物中毒，但也終日噁心、厭食、嘔吐，渾身不舒服。要知道，孕婦肚子裡的胎兒正需要大量營養物質來供養。

　　無論厭食，還是嘔吐，對胎兒來說都是一個巨大的威脅。明明是最需要營養的時候，孕婦偏偏把好不容易吞下的食物吐

了出來。這完全說不通。其中 1% 的孕婦，更是會出現嚴重的嘔吐，進而會導致電解質失衡、無法進食等情況發生。這也叫作妊娠劇吐或急性孕吐，需要到醫院接受治療。所以，照演化的歷程來看，孕吐吐掉了給胎兒的營養正是人類懷孕最大的悖論之一。

這種匪夷所思、浪費資源的情況，怎麼就沒被自然淘汰呢？

這時，就需要問問腹中胎兒的意見了。日常的食物，對我們成熟的個體來說，確實可以看作無毒無害。但對尚未發育完全的胎兒來說，就不一樣了。所以健康食品未必健康，微量的毒素也能給脆弱的胎兒帶來傷害，甚至導致畸型或致命。

例如，因不能主動避開災禍，許多植物都會合成一些有毒的化合物，以避免被動物吃掉。這些有毒物質，也被稱為「次生代謝物」（secondary metabolite）。現在的蔬菜瓜果，即便已經過層層培育，變得更可口安全，但這其中的毒性仍無法完全徹底除去。只是微量毒素對我們成人來說是耐受的罷了，更何況人類有時還特別鍾愛某類次級代謝物，如咖啡因。

除了植物，肉類可能含有寄生蟲和細菌等，對胎兒同樣是種威脅。確實，徹底煮熟可以讓肉類變得安全。然而，在人類學會用火烹飪之前，我們的祖先都是茹毛飲血的。

試想一下，讓孕婦吃生肉的場景。即便是已經出生的小孩，也是極度挑食的。他們對苦味更敏感，所以出於本能他們會對帶有苦味的蔬菜十分抗拒。其背後的原因，仍是他們的身體不比成人，更容易受到毒素的侵害。還未出生的胎兒，就更難以抵抗母體每天大量進食的「化學物質的」攻擊了。這是最

經典的對孕吐原因的解釋——「胚胎保護假說」。「胚胎保護假說」認為孕吐，其實可以保護胚胎免受食物中病原體與毒素的侵襲，讓孕婦在無意識中避開某些食物。

如果沒有孕吐，為供養「兩人所需」，孕婦可能會吃下更多的食物。這裡面，很可能就存在著對胎兒不利的食物。於是，讓孕婦噁心、嘔吐、厭食等便成了保護胚胎的最好辦法。這一假說，當然是有相關證據的。首先，在世界範圍內，孕吐發生的頻率變化很大。科學家在 27 個傳統社群中，注意到有 7 個社群中的孕婦從不發生孕吐或極少發生，這可能是因為他們的膳食以素食為主。如果再將植物進行細化，則會發現極少孕吐發生的社群以玉米為主食。加工過的玉米很少含有次級代謝物，而乾燥的玉米對病原微生物的抵抗力也很強。因而，以玉米為主食的婦女，較難遇上激發孕吐的食物。這與「胚胎保護假說」的推論是一致的。

而最重要的證據則是，妊娠反應最嚴重的時期，對應的正是胚胎最脆弱的時間節點。研究人員發現，最容易受到外界影響的時期，是在細胞分化成各大器官時。而這段時間，大約是從孕期第 5 週開始，孕期 6 到 12 週達高峰，約在孕期 18 週時徹底結束。如大腦形成發生在受精後的 15 到 27 天；心臟形成發生在受精後的 20 到 29 天，生殖系統則是在受精後 28 到 62 天形成，孕婦想要自己生出的孩子四肢健全、大腦正常、不出現畸形，那麼就需要特別注意孕期的前 3 到 4 個月，儘量避免外來因素對自身的侵害。

而與孕吐脫不了干係的，正是孕婦體內的激素水平。女性一旦懷孕，體內的激素水準就會顯著提高。例如，人絨毛

膜促性腺激素（HCG）的水準會大大升高。這種激素最初產生於受精卵形成後的第 7 天。而市面上售賣的早期驗孕棒，便是透過檢測 HCG 水平以確定是否懷孕的。大量研究已經表明，HCG 水平與妊娠期孕吐的程度相關。儘管具體作用機制並不明確，但 HCG 含量越高，孕婦出現嘔吐或噁心的症狀也就越嚴重。隨著 HCG 水平在懷孕的前 3 個月的急劇上升，孕婦的妊娠反應也會變得明顯。當 HCG 水平在孕期中期穩定下來時，症狀也會隨之減輕、消失。HCG 水平，很可能就是胎兒操控母親的一個手段。而孕吐，確實也給腹中胎兒帶來了好處。已有研究顯示，與其他孕婦相比，那些孕吐更屬害的女性，自然流產率、死胎率、死產率會更低。有孕吐的準媽咪孕早期流產的概率，比沒有孕吐的竟下降了近 50%。除此之外，嬰兒出生時患有先天性心臟缺陷的風險也更低。

當然，那些沒有出現孕吐反應的孕婦也不必為此過分擔心。妊娠症狀不明顯的孕婦，在注意飲食的情況下，照樣可以生出健康的孩子。不過，如果有孕吐的症狀，但是孕吐很快又消失了，這就需要警惕了。因為胚胎停止發育後血 HCG 水平會迅速下降，孕吐就會緩解或消失。這時，最好去醫院做個超音波，評估胚胎發育情況。而「胚胎保護假說」的背後，還藏著一個更有意思的理論。從自然選擇的角度來說，只要基因不完全相同，就一定存在基因層面的利益衝突。儘管母親與嬰兒確實有著共同的利益，畢竟嬰兒身上 50% 的基因來自母親，但母親和胎兒的利益並不完全重合，因為嬰兒還有 50% 的基因來自父親。母親未必那麼無私，胎兒也未必那麼被動，一場無聲的爭奪戰正在子宮內發生著。這也叫「母嬰衝突理論」（Parentoffspring conflict），是由生物學家羅伯特・特里弗斯和大衛・黑格提出的。而這種衝突是發生在生理層面上的，是無意識的。從現有證據來看，孕吐可能更偏向於孕婦與胎兒的共同利益。若孕吐是母親和嬰兒衝突的後果，那麼我們就可以預測到懷孕後期會產生更嚴重的孕吐現象。畢竟那時候，胚胎更可能從食物中攝入更多的毒素。

胎兒給母親帶來的麻煩事，可不只有孕吐那麼簡單。自然選擇，會傾向那些能成功養育更多後代的父母。為了達到這一目標，他們不能將所有資源都放在一個孩子身上。從孩子的角度來看，他所得到的護理和餵養越好，其健康成長的機會就越大。為了讓自己更強壯，胎兒甚至不惜讓母體血壓、血糖飆升。於是，便有了常見的妊娠糖尿病和妊娠高血壓。所謂妊娠糖尿病，就是懷孕前糖代謝正常，但懷孕後卻突然出現了糖尿病。在孕中晚期，女性體內產生的一些激素變化，會降低胰島調節血糖的能力。這樣，胎兒就能獲得更多的血糖供應，將自己需要的營養儲存起來。相對於那些體重不足的嬰兒，體重越大的嬰兒生存率也就越高。

雖然妊娠糖尿病孕婦糖代謝多數於產後能夠恢復，但將來患 2 型糖尿病機會增加。所以在妊娠期，孕婦需要密切關注糖代謝水平，多注意飲食運動。而妊娠高血壓（即子癲前症），則是胎兒搶奪母親資源的另一個例子。6％的孕婦，在懷孕後期會遭遇妊娠高血壓。嚴重情況下，母親甚至會因腎衰竭、肝衰竭等走向死亡。而胎兒讓母親的血壓升高，則是為了讓更多的血液進入血壓較低的胎盤。胎兒會製造一種蛋白質 sFlt1，並將這種蛋白質釋放到母親的血液裡。這種蛋白質會讓母親血管

收縮，血壓升高。這樣，源源不斷的血液便流向了胎盤，讓胎兒獲得更充足的營養，有助於胎兒長得更加強壯。

懷胎十月，讓我們順利降生，母親的付出是巨大的。無論是孕吐、妊娠糖尿病，還是妊娠高血壓，都讓她們吃盡了苦頭。雖然在她肚子裡，你的「榨取」是無意識的，而現在你知道了這些，那就去好好愛她吧。

參考資料：

◎ FLAXMAN S M, SHERMAN P W.Morning sickness: a mechanism for protecting mother and embryo[J].Quart. Rev. Biol,2000(7512):113-148.

◎ SHERMAN P W, FLAXMAN S M.Nausea and vomiting of pregnancy in an evolutionary perspective[J].Am J Obstet Gynecol,2002,186(5): 190-197.

◎ HAIG D. Genetic conflicts in human pregnancy[J]. Quart. Rev. Biol, 1993,68(4).

第九章
在歷史上，
有什麼教科書級別的謠言？

　　幾乎每一個有舌頭的人，都看過那張神奇的味覺地圖。簡單來說，就是舌頭的不同部位，負責品嘗出各種不同的味道。其中舌根嘗苦、兩側後半部嘗酸、兩側前半部嘗鹹、舌尖嘗甜。

　　某些情況下，有些知識還是老師教給大家的，完全是「教科書級別」的常識。

　　難道大家都不想知道是「為什麼」嗎？事實上，這又是一個世紀謠言，因為味覺地圖並不存在。應該有不少小夥伴，小時候因看了這破地圖被騙得暈頭轉向。例如吃藥時為了避開苦味，特意把藥放在專門嘗甜味的舌尖上。結果，苦到從此開始懷疑人生。

　　這個謎，始於 1901 年。那一年，德國科學家漢尼格做了一個實驗，並發表了一份研究報告。他分別在舌頭的各個部位滴下酸、甜、苦、鹹的味道，以檢測對應的味道嘗出閾值。例如想要感知「鹹味」，某個區域需要 0.01mol/ml 的濃度就能到達觸發閾值，而另外的區域則需要 0.012mol/ml。最後他認為，人類舌頭的某些區域對特定味覺會更加靈敏。

　　漢尼格給出的圖表，只是每種味道從一個點到另一個點的相對靈敏度，並沒有與其他味覺做對比。更值得注意的是，

作者也認為這種敏感度差異是微小的，而且沒有提出過任何味覺分區的概念。而且，當年味覺科學才剛剛起步，這並非一個明確的科學結論。當時，這個研究甚至還沒有將鮮味納入討論範圍。因為鮮味（umami），是在 20 世紀初才由日本科學家池田菊苗發現的第五種味道。這正是谷氨酸鈉，也就是味精的味道。

　　時隔 40 多年，到 1942 年，哈佛的心理學家愛德溫·波林將漢尼格的報告翻譯為英文，並重新繪製了圖表。而謬誤，就是在這時候發生的。他在解讀原文資料時，把圖示的相對敏感度，當成了絕對敏感度。於是，便有了這麼一張味覺地圖。舌頭各個部位對應的各種味覺的靈敏度，不知被誇大了多少倍。當時，他還將這些內容寫進了自己的著作《實驗心理學歷史中的感覺與知覺》（*Sensation and Perception in the History of Experimental Psychology*）中。這之後，所謂的味覺地圖就傳播開了。

　　不得不說，這種看上去就一目了然的圖像就是有利於傳播。教師們欣然接受了這幅圖，並把它帶上課堂，給學生講解人類的味覺。在美國的小學課堂上，甚至還專門設置了用於強調味覺地圖的課堂小實驗。這甚至是他們的「必修課」。當然，被這張圖弄糊塗的人也不少，明明舌頭各處能嘗到的味道並沒有多大區別，但有時提出這些疑問，教師也並不能回答你為什麼，只能打哈哈地蒙混過關。

　　直到 1973 年，匹茲堡大學的維吉尼亞·科林斯才重複了漢尼格的實驗。從那時起，才開始有人反駁這張味覺地圖。她檢查了過往的研究，並召集了一批新的志願者，以驗證他們不同舌區對各種呈味分子的嘗出閾。這 15 名志願者口內的不同

舌頭區域，分別會被滴上不同濃度的氯化鈉（鹹味）、蔗糖（甜味）、檸檬酸（酸味）、尿素和奎寧（均為苦味）。實驗到最後，她確實發現了每個舌區對各種味道的嘗出閾有所差別。但各區的閾值差別是非常微小的，幾乎沒有任何實際意義。

放在日常生活中，這甚至還沒有個體與個體之間味覺敏感度差異那麼大。例如最典型的，我們每個人對苦味的敏感程度是不同的。同樣的苦味物質苯硫脲（PTC），就有約 28% 的人嘗不出苦味，65% 的人能嘗得出。後來科學家也發現，這是由一個叫 TAS2R38 的基因 [*] 決定的，在人類的 7 號染色體上。

等到有人出來闢謠時，這個謠傳已經有 30 多年歷史了。中間這 30 多年，已經讓這幅圖流行全球，成了常識。科學的發展是有局限性的，味覺形成的具體機制在 20 世紀 50 年代一直都是謎。所以這個謬誤不但沒能被及時糾正，反而是以冷知識的形式傳播，為大眾津津樂道。

事實上只需簡單地拿自己的舌頭做個小實驗，就能知道這個地圖有多麼不可信。因為無論你的舌尖還是舌根，都能嘗到各種味道。然而，在味覺地圖上人們卻表現出了一種集體的盲目性。雖然科學性已遭到質疑，但在當下的烹飪行業，這種味覺地圖仍然風靡。

當年，商人紛紛引入這幅圖作為科學的美食指導，特別是在品嘗咖啡和紅酒的時候。例如捲起舌頭的兩邊，這樣就能過

---

[*] TAS2R38 的基因有兩種類型：顯性 G 和隱性 C。其中 G 基因可編碼人類舌頭味蕾上的苯硫脲受體，而 C 基因編碼的受體則無法嘗出這種苦味物質。GG 基因型的人可稱得上這種苦味的「超級味覺者」，而 CC 基因型的則被稱為「苦盲」。

濾掉葡萄酒中的酸味。而更加專業的葡萄酒品鑒，還使用特製的酒杯。奧地利的玻璃器具設計師，克勞斯‧里德爾就利用味覺地圖，打造了一系列的紅酒杯。這種酒杯擁有獨特的曲線，目的就是讓你喝的每一口紅酒都能落在舌頭上最正確的位置。而這些披上科學外衣的紅酒杯，也給紅酒行業帶來了巨大的影響。

　　儘管味覺地圖的科學性如今已經大打折扣，但這種優雅別緻的紅酒杯依然流行。有時候這種紅酒杯還能反哺一下味覺地圖，幫助這個地圖進一步傳播。那麼真實的「味覺地圖」，應該是怎樣的呢？

　　哺乳動物舌背面和側面分布有 4 種乳狀突起。它們分別為輪廓乳頭、葉狀乳頭、菌狀乳頭和絲狀乳頭。除絲狀乳頭外，其他三類舌乳頭因含有味蕾又被稱作「味乳頭」。這些長得像洋蔥似的味蕾，正是我們能嘗到味道的關鍵結構。

　　味覺是透過味覺受體細胞（taste-receptor cell）產生的。這些細胞能識別不同的呈味分子，並編碼成神經電訊號，最後透過特殊的感受神經傳送到大腦形成味覺感受。於是我們便能感受、分辨出各種味道。

　　而味覺受體細胞集中在味蕾中，每個味蕾中含有 50 到 150 個受體細胞。人類舌頭上的味蕾數量非常龐大，有 8000 到 10000 個。可以確定的是，舌頭與舌頭邊緣的味覺是特別敏感的，因為這些區域包含的味蕾較多。味蕾的分布範圍也很廣，幾乎遍布了整個舌頭，甚至連上顎和咽喉局部都有它的蹤跡。

　　在咀嚼和吞咽的過程中，食物就會隨著唾液擴散到舌乳頭上。一旦舌乳頭上的味蕾接觸到這些食物分子，味蕾上的味覺

受體細胞就開始協調工作了。目前已知共有三種味覺細胞[*]，它們可以感知我們常說的五種基本味覺：酸、甜、苦、鹹、鮮。除了酸甜苦鹹鮮這五味以外，可能還存在著第六種味覺，如脂肪味、金屬味等。

如果非要說有味覺地圖，那麼這種味覺地圖或許能在不同物種間被找到。對於所有生物來說，生存永遠是第一位的。味覺是在哺乳類動物漫長的進化過程中形成的，每一種味道都有著其獨特的意義。甜味代表著食物富含糖分，鮮味代表食物富含蛋白質，而適量攝入鹹味則能保持人體的電解質平衡。至於酸味和苦味，則提醒著人類這種物質可能是有毒的、有害的。

但因為各種哺乳類動物處於不同的生態位，它們能感受到的味道也不盡相同。從某種程度上來說，動物能品嘗到什麼味道，和它們能吃到什麼食物有關。最典型的一個例子，便是我們最愛的國寶大熊貓。在 800 多萬年前，大熊貓的祖先祿豐始熊貓（Ailurarctos Lufengensis）其實是一種非常愛吃肉的猛獸。然而隨著冰期的來臨，它們被嚴寒驅趕至一定的活動區域。生存面積縮小，競爭對手也強大，這導致了熊貓開始放棄吃肉，並進軍素食界。

化石證據顯示，大熊貓大約是在 700 萬年前才開始吃竹子的。然而，大約在 420 萬年前，它們的 TAS1R1 基因（鮮葉受體基因）才發生了突變，失去了感受谷氨酸的味覺。這也意味

---

[*] 其中 I 型細胞，能夠吸收或降解神經遞質，與鹹味感受相關。II 型細胞則是個大家族，能回應甜味、鮮味、苦味味覺，接收刺激後通過離子通道釋放神經遞質。III 型細胞，回應酸味味覺。

著，在幾乎長達 300 萬年的歲月裡，大熊貓都是被迫無奈才吃竹子的。忍耐著對肉類的慾望，它們開始修仙般地啃起了竹子。再比如，貓是單純的肉食動物，它們已經喪失了對甜味的味覺。所以，它們並不能像人類一樣享受水果的甜美。而同為肉食動物的海獅、海狗、西太平洋斑海豹、水獺、斑點鬣狗等的甜味覺也已經徹底退化。此外，生活在海洋的鯨類，也是哺乳類中味覺最遲鈍的。它們長期適應吞食，大快朵頤吃東西的方式根本連舌頭都用不上。長此以往，除了鹹味以外它們的味覺已基本消失了。

所以說，哺乳類動物的味覺差異，才是一張真正的味覺地圖。

參考資料：

◎ COLLINGS V.Human taste response as a function of locus of stimulation on the tongue and soft palate[J]. Percep & Psychophys,1974.

◎ 麥奎德 . 品嘗的科學：從地球生命的第一口，到飲食科學研究最前沿 [M]. 林東翰，張瓊懿，甘錫安，譯 . 北京：北京聯合出版公司，2017.

◎ 王興亞，龐廣昌 . 哺乳動物味覺感受機制研究進展 [J]. 四川動物，2014，（05）：151-157.

第十章
「一個鼻孔出氣」的證據，連你的鼻孔都是輪班制的！

　　鼻塞，我們每個人都對其深惡痛絕，尤其是當你躺在床上時，猶如被塑膠袋套頭，不能呼吸，輾轉反側，夜不能寐。不過「身經百戰」的你，應該也注意到了這麼個問題。那就是，感冒鼻塞，通常只會有一邊鼻孔會被堵得很死。我們可以明顯地感受到，另一邊鼻孔呼吸的氣流量更高。而且，這種不對稱鼻塞還會轉換，這邊堵完那邊堵。

　　說出來你可能不信，就算不是鼻塞，絕大多數人的鼻孔本來就是一側「通」，一側相對「不通」的。總之，你的兩個鼻孔很難做到同樣順暢呼吸，永遠只是「一個鼻孔通氣」。

　　不信，我們現在就來做個小實驗：隨意伸出一根手指，堵住一側的鼻孔，嘴巴閉上，然後嘗試著只用另一側鼻孔呼吸。

　　完成了嗎？

　　現在換成堵住另一側的鼻孔，換個鼻孔呼吸。

　　這時只需要對比一下，你就會發現總有一邊的氣流量大，一邊的氣流量小。

　　如果手邊有小鏡子就能看得更明顯了。對著鏡子呼氣，哪邊水汽多些哪邊的鼻孔就更通暢些。這種現象，被稱為「鼻週期」（Nasal cycle），與鼻腔的阻力大小有關。鼻腔的功能之一，

就是形成呼吸時的氣道阻力，沒有氣道阻力我們難以維持正常的呼吸。這個可以參考「空鼻症」，其成因就是手術過度切除了鼻甲，導致了一系列難以醫治的併發症——鼻塞、鼻腔乾燥、呼吸困難，吸進來的空氣宛如刀子，刀刀入肉。一般而言，人類兩個鼻腔的總阻力是不變的，約為雙側鼻腔阻力之和。但是，單側鼻腔的阻力卻是不同的，並且還會呈現出規律交替的現象。當一側鼻腔的阻力變小時，這邊的鼻孔就會比另一邊更通氣些，反之亦然。而這種「鼻週期」的物理形成機制，則與鼻甲黏膜下豐富的海綿體血管組織有關。

大約在 150 年以前，克利克爾和卡里勞希等人就首次描述了鼻腔內這種海綿體組織。正常的鼻子裡有上、中、下三個鼻甲，其中下鼻甲參與構成了鼻腔中最狹窄和柔軟的通道。鼻甲（主要為下鼻甲）的勃起組織充血時會膨脹變大，反之則會收縮。這就像鼻腔中的一扇自動門，透過交替地膨脹與收縮，控制著鼻孔的堵塞與通暢。

在日常生活中我們主要以一個鼻孔呼吸為主，另一個會稍微關閉一點，僅作為輔助。而鼻甲充血與否，則由自律神經系統調節控制，是人類意識無法控制的一類生理活動。該系統同時還參與調控了許多無意識的身體機能，如心率、消化等。一般情況下，一個鼻週期為 2 到 7 小時。所以說，一天之內能發生好幾個鼻週期。每隔幾小時，自律神經系統就會命令兩個鼻孔互換角色。這樣堵塞的一側變通暢，通暢的一側變堵塞，兩個鼻孔交替著進入「工作狀態」。

這與病理性的鼻塞是不同的。所以我們在日常生活中，並不能感知到這種鼻週期的存在。只有在犯鼻炎、流涕、鼻塞等

情況下，鼻週期才會變得令人難以忍受。這時人們會明顯地感受到鼻孔一通一堵。當然，在嚴重的情況下，人們會感覺兩個鼻孔都被堵住了。那麼這個鼻週期究竟有什麼用，兩個鼻孔一起通氣不是更舒爽嗎？

我們都知道，鼻腔的作用首先是溫暖、濕潤、過濾空氣。一個正常人的兩個鼻孔每天就要過濾 10000 升的空氣，可謂任務繁重。如果鼻孔一直處於高強度的呼吸狀態，鼻腔黏膜很容易就會變得乾燥，甚至會流鼻血造成感染等。但是，讓兩個鼻孔「輪流上班」，就可以避免這些麻煩。一個鼻孔在大量過濾空氣時，另一鼻孔則在養精蓄銳，儲備黏液，讓鼻腔內的鼻黏膜有了適當的恢復時機。這樣就能保證我們吸入的空氣，一直是溫暖、濕潤、乾淨的。

還有人認為睡眠中的翻身動作與鼻週期有關。當我們側身躺下時，哪側在下方哪側的鼻孔就更容易充血肥大導致鼻腔阻力上升。而鼻腔阻力的上升，則會使人產生輕度的鼻塞症狀。所以說換著邊睡，對緩解鼻塞症狀還是有一定效果的。鼻週期的出現，則可以讓我們在熟睡時，不自覺地反復翻身，有利於消除疲勞。即便在睡夢中沒能注意到這些細節，但我們依然會整個夜晚「輾轉反側」。

我們知道，正是雙眼看到的景象略有不同，我們才有了立體視覺。同樣的，長著兩隻耳朵也讓我們聽到了「立體環繞」的音效。但是你可能有所不知，就連氣味也能靠兩個鼻孔的協同合作，變得更「立體」。與海洋哺乳類動物不同，鼻子也是我們的嗅覺器官。

我們能聞到氣味，全靠鼻腔上方的嗅黏膜。它是覆蓋在

嗅上皮表面的一層黏膜，氣味分子只有被吸附在黏膜上，才能跟嗅上皮的嗅覺受體細胞結合。只有這樣，我們的大腦才會接收到各種味覺資訊，從而聞到各種各樣的氣味。氣味分子，也有不同的類型，這裡不是指臭和香，而是指氣味分子有著不同的吸附率，有的吸附得快，有的吸附得慢。對於那些吸附率低的氣味分子來說，只有空氣流速慢，它們才有足夠的時間被嗅黏膜充分吸附。而那些吸附率高的氣味分子則相反。如果氣流速度太慢，它們就會密集地被吸附於嗅黏膜的一小塊區域。這樣只會有一小部分的嗅上皮細胞參與反應，引起的神經活動較小。只有當空氣快速流過時，這些氣味分子才能接觸到更大表面積的嗅上皮，以產生強烈的神經訊號。

所以說，平時想要用鼻子聞一種氣味時，一個勁兒地瞎吸還不一定效果好。我們鼻孔的疏通與堵塞，會影響到對氣味分子的捕捉。即使是同一種氣味分子，一個鼻孔的空氣流速快慢與否，都會改變它的味道。

1999 年，史丹佛大學的諾姆‧索貝爾等人就用實驗證明了這一點。他們首先把兩種氣味分子按 1：1 的比例混合。這兩種氣味分子，還是挺好區分的。一種是高吸附率的 L- 香芹酮，也就是留蘭香，常添加於口香糖；另一種則是低吸附率的辛烷，也就是我們常說的汽油味。實驗時，志願者只用單側鼻孔吸氣，每一側鼻孔都會進行 10 次測試。在測試過程中，鼻孔的氣流速度也會被記錄下來。不出所料，當用疏通的鼻孔去聞混合氣體時，L- 香芹酮的味道會濃些。但若換用比較堵塞的鼻孔去聞時，則辛烷的味道會變得更濃一些。

換言之，高吸收率的氣味分子，能更好地被氣流速度快的

鼻孔感知；而低吸收率的氣味分子，則能更好地被氣流速度慢的鼻孔感知。

有了這兩個呈週期性一開一閉的鼻孔，我們就能確保不錯過任何流速的氣味。除了視覺、聽覺以外，氣味也能變得「立體」起來，兩個鼻孔的重要性不言而喻。

所以，下次鼻塞時就不要責怪自己的鼻子不爭氣了，或許正是它們太爭氣了，才導致鼻塞的情況產生。

參考資料：

◎ Nasal cycle: Wikipedia[DB/OL]. [2020-04-13]. https://en.wikipedia.org/wiki/Nasal_cycle.

◎ HASEGAWA M, KERN E B.The human nasal cycle[J].Mayo Clin Proc,1977,52(1):28-34.

◎ WHITE D E. Model demonstrates functional purpose of the nasal cycle[J]. BioMedical Engineering OnLine.2015

◎ SOBEL N.The world smells different to each nostril[J]. nature,1999,402(6757):35

第十一章
無人能打破的世界紀錄，
身高 2.72 公尺，巨人的背後盡是憂傷

　　說起身高，姚明在中國人心中已是一個標誌。在 NBA，比他高的球星用一隻手都能數得過來。無論站在哪裡，他都有一種鶴立雞群的感覺。確實，身高給他的職業生涯帶來了一定的優勢。但繁重的比賽和訓練，同樣讓他變得異常脆弱，頻繁受傷。即使有 2.26 公尺的身高，也這並不代表他的骨頭就比普通人硬。加上 140 公斤以上的體重，這更是給他的關節造成了巨大的壓力。正是因為姚明如「玻璃」般易碎，有人甚至懷疑他得了巨人症。不過，從身體各項激素指標上來看，姚明都是正常的。畢竟真的巨人症不及時治療，別說是打籃球了，有時連站立都成問題。

　　縱觀歷史，關於巨人的傳奇一直都有，但命運往往悲慘。根據金氏世界紀錄顯示，羅伯特・潘興・瓦德羅是這個世界上最高的人。他的身高達 2.72 公尺，至今仍無人能打破這個紀錄。因為高大且性情溫和，羅伯特也被親切地喚作「溫柔的巨人」。然而，身高除了給他帶來名氣以外，更多的還是傷害。一次劇烈運動、一次摔倒，甚至一雙不合腳的鞋，都有可能要了他的命。

　　1918 年 2 月，羅伯特出生於美國伊利諾州奧爾頓。剛出

生時，他的塊頭與其他嬰兒沒多大差別。3.8 公斤的體重，並沒有給母親分娩造成額外的痛苦。他的父母和四個兄弟姐妹，也都沒有表現出任何異常。然而一落地，羅伯特就開始不受控制地瘋狂生長。普通孩子在 6 個月大時，體重一般是 7 公斤左右。但羅伯特 6 個月時就已長到了 14 公斤，足足是正常體重的兩倍。剛進幼稚園，5 歲的羅伯特就需要穿上成年人的服裝了。儘管看起來與別的小孩格格不入，可他的行為舉止都與同齡孩子一樣。他 8 歲時，就已經很少光顧普通的服裝店了，因為再難找到合適自己的衣服。每次，他都需要去專門的裁縫店量身裁衣。又因長得太快，新衣服還沒穿舊就已經不合身了。到 10 歲時，他的身高就達到了 1.95 公尺，體重達 95 公斤。他的手腳，同樣大得驚人。歐制 60 碼的大腳（姚明是 53 碼），讓他再也難從商店中找到適合自己的鞋子。所以家裡人也只能找專門的鞋匠，出高價訂製鞋子。因手掌過大，他也不得不放棄他最喜歡的消遣：彈吉他。剛開始，父母都還堅信他除了長得高以外，沒有什麼毛病。他們也盡自己最大的努力，讓羅伯特過上正常人的生活。直到 1930 年，父母才終於敢面對自己內心的不安，把他帶到了醫院。那時 12 歲的羅伯特，已經是個 2.11 公尺的巨人了。

經過醫生的全面檢查，大家才終於知道這個小男孩為什麼成長得如此迅速了。使羅伯特瘋狂生長的祕密，正埋在他的大腦裡。他被檢查出患有垂體腺腫瘤，並被確診為巨人症。垂體又稱為「腦下垂體」，是大腦底部水滴狀下垂的結構。只有一粒豌豆那麼大，但它卻能分泌出與人類身體生長最密切相關的激素 —— 生長激素（growth hormone）。其功能包括促進身體

組織的生長，使體內細胞的數目增加及變大，使身體各部分組織器官變大等。若腦下垂體發生異常，就有可能引發生長激素的分泌異常。生長激素分泌過少，會引發侏儒症；生長激素分泌過多，則會引發巨人症。

其中，引發生長激素分泌過旺的最常見原因，便是腦下垂體腺瘤。而發生在羅伯特身上的巨人症，正源於這種垂體腺瘤。如今，已有一些醫療方式可應用於處理垂體腺瘤，如手術或藥物治療等。只要發現得早，侏儒症和巨人症等原發於垂體異常的疾病，都可以得到緩解。

著名球星梅西 10 歲時，就差點因侏儒症而斷送了自己的足球生涯。但透過生長激素治療，他最終獲得了 1.69 公尺的身高。類似的，曾患有巨人症，身高比姚明還高的 NBA 球星喬治‧穆雷桑，經過治療也控制住了身高的增長。雖然他的 NBA 生涯不長，也不算出彩，但他已經足夠幸運了。

然而羅伯特所在的年代尚沒有有效的治療方法，他只能任由自己繼續長高。才 14 歲時，羅伯特就已經感到生活處處艱辛了。因為生活在一個太小的世界裡，他的所有吃穿用品都需單獨訂製。衣服鞋襪、餐桌、座椅、床褥等都是單獨訂製的，價格不菲。他的父親為了他，專門將自家的七人座車改裝成了三人座車：把前排的座椅全部拆掉。只有這樣，羅伯特坐在後排才能將雙腿舒展開。不過，更讓他憂心的，還是身體的異常脆弱。

有一次，他只是與小夥伴玩耍，推一輛三輪車時絆了一跤。結果，這一跤讓他的兩塊腿骨骨折。在這之後，他就不得不給雙腿安上金屬支架，借助輔助的工具才能行走。到 18 歲，

他已經擁有 2.53 公尺的身高，218 公斤的體重了。也正是這一年，羅伯特考上了心儀的大學，開始研讀法律。但他的身高，並未隨著成年而停止增長。19 歲時，他就憑著 2.62 公尺的身高，打破了金氏世界紀錄，成為世上最高的人。在這之後，每量一次身高，他就刷新一次世界紀錄。

因為巨人的這個頭銜，他也被越來越多的人注意到。其中，專門搜羅「獵奇之物」的美國玲玲兄弟馬戲團更是對羅伯特虎視眈眈，想要他加入馬戲團。《美國恐怖故事：畸形秀》（*Freak Show*）的真實原型，便是這個馬戲團。

玲玲兄弟內部有著千奇百怪的馬戲演員，現在他們熱切地希望能將這位巨人收入囊中。如果羅伯特能加入，特別是與最著名的侏儒症演員站在一起，門票必定能大賣。綜合各方面的考慮，父母最終還是接受了馬戲團的邀請。羅伯特這個身高，就算他日後能在法律方面學有所成，找工作也依然是個問題。現在跟著馬戲團到處演出，以後的生活也算是有個保障。

果不其然，在馬戲團的宣傳下，羅伯特一下子成了美國的名人。當時，廣告商蜂擁而上，希望給這位巨人量身訂做衣褲鞋物。除了代言費之外，他還省下了一大筆用於訂製衣物的錢。一般而言，他在馬戲團的工作也算不上辛苦，只需要公開站著露面就行。雖然不習慣被別人盯著看，但羅伯特還是非常敬業。面對觀眾，他總是一臉靦腆地微笑著，行為舉止都非常友好得體。無數美國人的家庭中，都可能珍藏著一張與巨人的合影。而每一張照片裡，他總是笑容滿臉，所以大家都稱他為「溫柔的巨人」。

但大家沒看見的，卻是這個笑容背後的疲憊。

如果沒有得到及時治療，巨人症患者的生命都是非常短暫的。在巡演的兩年多時間裡，他的身體被嚴重透支，開始急劇惡化。短短兩年多，他就跟著馬戲團巡演訪問了 41 個州的 800 多個城鎮。一直以來，羅伯特都得靠著拐杖與腿部支架才能行走。就算處處不便，倔強的羅伯特還是不願使用輪椅，因為他覺得自己和其他人是一樣的，並非殘疾。

1940 年 7 月，應節目要求他換上了嶄新的腿部支架。但是，這副支架好像並不合腳。經常性的摩擦，使他右腿腳踝產生了一個巨大的水泡。然而，羅伯特自己卻對此一無所知。生長激素對胰島素的分泌有抑制作用，所以巨人症患者多半有糖尿病。而糖尿病患者由於神經病變，尤其是神經末梢的病變，會對痛覺不敏感。雖然沒有對應的記錄，但羅伯特極有可能患上了嚴重的糖尿病。因為那個時候，羅伯特的雙腿就已經日漸失去痛覺了。他一點兒也沒感覺到支架對自己造成的傷害，在工作繁忙的情況下仍連續佩戴了 7 天。最終，傷口發生了嚴重的感染，造成多器官衰竭，病情急劇惡化。在抗生素還未發明的年代，羅伯特在感染發生的第 11 天就與世長辭了。當時，他只是遺憾地對周圍的人說了一句：「我沒辦法回家參加爺爺奶奶的金婚派對了。」

這句話，也成了他的遺言。

喪禮現場，共來了 40000 人。棺材總長 3.3 公尺，需要 18 個人才能抬起。因為家人擔心羅伯特的屍體會被再次挖出來研究，所以他的棺材被置於堅固的混凝土拱頂裡。而他的墓碑上也只有簡單的「安息」（at rest）二字作為墓誌銘。即使在他死亡前一刻，他的身體可能還在繼續長高。

在他臨死之前，醫院最後還給他量了一次身高——2.72 公尺[*]，「世界上最高的人」已經定格為這麼個沒有溫度的數字。即便已經過去了 80 年，這個「世界最高」的金氏世界紀錄依然沒有人能打破。

當然，將來也不會有人能打破這個紀錄了。在這個醫療足夠發達的年代，巨人症已經有了醫治的辦法。而且道德也不會允許人類「為了獵奇」，而放棄一個人的健康。

如果他能再等等，或許會擁有一個美好的後半生。

參考資料：

◎ SFARRA A.Top 10 Freaky Facts About The Tallest Man: LISTVERSE[EB/OL]. [2017-05-12]. https://listverse.com/2017/05/12/top-10-freaky-facts- about-the- tallest-man/.

---

[*] 死後躺著測試的身高為 2.74 公尺，量身高時躺著測量會比站著測量高一些。

第十二章
沒有疼痛的世界真是幸福的嗎？

　　痛經恐怕是阻礙中國少女們過上幸福生活的一大阻礙，不知道有多少女孩子為此祈禱自己下輩子生成男兒身。關於痛經的成因至今也沒有很權威的結論，有人會將其歸咎於東亞人體質的問題。實際上，歐美的女孩子也同樣受到痛經的困擾，只不過她們更偏好服用止痛藥來緩解疼痛。

　　止痛藥是人類偉大的發明，當然發明過程中也是充滿曲折，今天我們可以很方便地購買到非處方的安全止痛藥。這些止痛藥可以緩解包括牙痛、頭痛、肌肉痛等常見疼痛，一些處方止痛藥甚至能夠對付晚期癌症的病痛。也許會有人想要更近一步，將止痛進行到底，徹底消滅疼痛這一種痛苦的感覺，真正實現沒有疼痛的人間天堂。

　　想法固然美好，但是沒有疼痛的世界就真的是天堂了嗎？

　　世界上有極少一部分人一輩子都不知道什麼是痛，可他們卻並不快樂。他們生來就沒有感受痛覺的能力，永遠不知道「疼痛」是何物。打針、摔跤、骨折、燒傷、燙傷等，對他們來說這些傷害和其他正常的觸碰沒有什麼區別。因為沒有疼痛的存在，他們都表現得十分勇敢和堅強，從來不會因為外傷而哭鬧。起初，他們的父母還認為這只是孩子乖、有忍耐力的表現而已。但是時間長了家長們就越來越覺得不對勁，一些連成

人都無法忍受的疼痛，小孩子卻依舊面不改色。最後在醫生的謹慎診斷下，才確定他們是得了一種特殊的疾病——先天性無痛症。

為了避免或減輕疼痛，人類發明了各種麻醉劑和鎮痛藥。「能吃藥絕不打針，能全身麻醉絕不半身麻醉」，也是那些怕痛的人們的口頭禪。而先天性無痛症，則完全阻隔了一切疼痛帶來的不愉快感覺。牙痛、頭痛、生理痛等對他們來說是完全不能理解的陌生體驗，甚至連動手術都能省下一筆麻醉費用。

這看上去，確實是一件非常不錯的超能力。但是實際上，痛覺的缺失，也意味著會受到更多傷害。

疼痛本是機體的一種警告，它的出現劃清了危險與安全的界線，疼痛的缺失會讓人難以對危險做出判斷。由於無法及時獲知傷害的存在，他們看起來就像一個無所畏懼的傻子。美國明尼蘇達州的戈比‧金拉斯就是一個患有無痛症的「不怕痛的女孩」。那些能從身體表面傳遞到大腦的神經疼痛訊號，在她身上從來都沒有正常工作過。所以從出生以來，不管是摔跤磕掉了牙齒，還是醫生打針，她都沒有哭過一聲。

據父母回憶，她從 4 個月大的時候長牙，和一般的小孩子一樣喜歡啃手指。但如果沒有人阻止戈比，她真的會把手指咬到血肉模糊，甚至見到骨頭。就算被禁止咬手指，她也還會用牙齒繼續嚼舌頭，就像在嚼一塊泡泡糖一樣，因為舌頭被咬腫無法喝水，她多次因為脫水而入院。出於無奈，戈比的父母只能把她所有的牙齒拔掉，當然這個過程對她來說也沒有什麼感覺，因為全程都是無痛的。然而這還沒完，她依然能透過各種方式來傷害自己。不自覺地揉眼睛都能揉出大問題來，她甚至

會直接把手指插到眼睛裡面。因此,醫生為了確保戈比眼角膜的完整性,1歲多時就將她的眼瞼完全縫合。等到年齡稍大,戈比才改為戴護目鏡和束手器。然而,那時候戈比的左眼已被藥物的副作用毀壞,終生失去了一半的視力。

不過相比於其他患有無痛症的病人來說,戈比已經算是幸運的了。畢竟許多家長都對這種特殊的疾病聞所未聞,往往會被錯認為是孩子忍耐力好,因而沒能及時採取相應的保護措施,最終釀成更大的悲劇。

英國《每日郵報》就曾報導過一對患有無痛症的印度姐弟的故事。姐姐和她5歲的弟弟在家玩遊戲時,兩人居然像啃雞爪一樣把各自的手指活生生地吃掉了。雖然兩個孩子渾身是血,傷口觸目驚心,卻異常安靜不哭不鬧,醫生都驚呆了。在送到醫院治療後,粗心的父母才發現他們倆都患有罕見的先天性無痛症。然而可能還有更多的患有這種疾病的孩子,在得知這種疾病前就已經早早夭折。

先天性無痛症,又名遺傳性感覺和自主神經障礙(HSAN),是一大類以損害感覺神經及自主神經為主的遺傳性疾病的總稱。因為可導致患無痛症的基因有多種(主要為FAM134B和SCN9A),所以可以是顯性遺傳或隱性遺傳的任何一種。目前為止這類基因病,基本沒有治療方法,只能是最大限度地保護患者不受傷害。

有的患者患有無痛症的同時還伴隨著無汗症,屬於遺傳性感覺和自主神經障礙IV型。無痛無汗症在全球發病率約為十億分之一,這意味著全球只有個位數的患者,遠比普通無痛症患者要少。

中國媒體曾經報導過的一個浙江男孩小楓毅，他就是罕見的無痛無汗症患者。因為排汗功能障礙，小楓毅永遠只能活在24到26℃的「溫室」中，一旦這個環境被破壞，他就極容易高燒不退，生命危在旦夕。無痛症就更麻煩了，普通蚊子叮的小包，普通人最多撓到皮膚破損就不再繼續了，可他還會無法控制直到撓得滿身鮮血。小楓毅花在買紗布上的錢，一個月就差不多有 1500 元。

　　疼痛的存在給人類帶來了無數眼淚，但疼痛的缺失卻給這些家庭帶去了更多的眼淚。疼痛實際上是動物在進化過程中，逐漸形成的一種重要的自我防禦機制。在臨床上，有些病症的治療並不建議使用止痛藥，為的就是讓患者將症狀及時回饋給醫生。當受到傷害時，相關感受器就能給生物發出警告性訊號，讓它們保護好自己的身體，防止受到更多的傷害。沒有疼痛這一層防禦機制，無痛症患者失去的反而更多，也遠沒有想像中的幸福。但是，對這些無痛症患者的治療和研究，又給人類醫學帶來了新的曙光。無痛症作為一種罕見的先天基因突變產物，給新的止痛藥研發提供了很多靈感。這些無痛症患者留下的寶貴基因資訊，或許可以拯救一大批受慢性疼痛折磨的病人。全世界每天大約需要消耗 140 億劑止痛藥，每 10 個成年人中就有 3 人被慢性疼痛困擾。

　　慢性疼痛主要分為三大類：多發於老人的頸肩腰腿痛、神經病理性疼痛和最受關注的癌性痛。這些持續的慢性疼痛，不僅會帶來讓人難以忍受的疼痛，還會導致人體系統功能失調、免疫力下降和自主神經紊亂等。嚴重的還會導致「中樞敏化」，就像是大腦已經習慣了疼痛，即使外在刺激已不存在，仍會

感到疼痛難耐。有許多癌症患者因為癌性痛的長期折磨，陷入重度抑鬱，過早放棄治療結束生命。在臨床中，普遍使用的止痛藥是副作用大且易成癮的鴉片類鎮痛藥。僅美國，每天就有91人因過量服用鴉片類藥物死亡。阿斯匹林等非類固醇鎮痛藥的副作用比較小，但也僅僅對一些不太劇烈的輕度至中度疼痛有效。

過去，科學家透過對多位無痛症患者的研究，把開發新型止痛藥的焦點聚集在了SCN9A基因上。該基因與Nav1.7鈉通道有關。當SCN9A突變時，這條路徑便會堵塞，使人類失去感受疼痛的能力。與伴隨著無汗症的無痛症不同，SCN9A的突變引起的無痛症，只會喪失痛覺，而智力和溫度、壓力、運動感知等感覺能力都無異常。這也意味著如果研製的新藥能準確抑制Nav1.7鈉通道，不但止痛效果顯著，還可以使副作用最小化。

在過去的10多年，各大製藥公司也針對Nav1.7鈉通道，竭盡全力地研發新型止痛藥。目前，已有多個公司研製出的產品進入臨床測試階段，有些還顯示出良好的效果，前景一片大好。隨著對無痛症患者的深入研究，不僅僅是止痛藥有較大的進展，人體中與痛覺形成相關的新基因也被不斷發現。

2015年新發現的變異基因PRDM12，著實讓人精神振奮。它就像一個總開關似的，使特定的神經元不能形成，從而阻止痛覺纖維向大腦發送疼痛訊號。迄今為止，人類已經發現了五個與痛覺缺失有關的基因。雖然無痛症患者的罕見基因給人類帶來了新的福音，但是對無痛症患者而言，他們重獲痛覺的希望依舊極度渺茫。即使理論上可以透過非基因治療的其他途

徑，來恢復缺失的痛覺。但就目前的技術水準而言，要想真正讓無痛症患者擁有痛覺，我們還有很長的路要走。

參考資料：

◎ COX D.The curse of the people who never feel pain:BBC News[EB/OL]. [2017-04-26]. https://www.bbc.com/future/article/20170426-the-people-who-never-feel-any-pain.

◎ HUPPERT B.Meet Gabby Gingras, the girl who feels no pain: KARA[EB/OL]. [2004-02-26]. https://www.kare11.com/article/news/extras-update-girl-who-feels-no- pain-is-happy-to-feel-normal/89-360241567.

◎ PICKLES K. The brother and sister who eat their own FINGERS - and have worn them to stumps - because they can't feel pain：dailymail[EB/OL]. [2016-03-02]. https://www.dailymail.co.uk/health/article-3473197/The-brother-sister- eat-FINGERS-worn-stumps-t-feel-pain.html.

◎ 蔣慎敏 . 拯救，為只能活在溫室裡的少年 [N]. 錢江晚報，2014-070-04(4).

第十三章

生男生女究竟由誰決定？
遠不止「X生女，Y生男」那麼簡單

「女人是男人身上的一根肋骨」。

一討論到後代性別的決定因素，幾乎所有人都將目光投向了女性。只要嬰兒是從女性身上誕下，那麼嬰兒的性別就由女性決定。無論在中國還是外國，沒生出男孩子都經常性地由女性「承擔」。而各種針對女性的「包生男」民間偏方，也有很多人相信，如「酸兒辣女」，認為多吃酸就能生男孩等。

直到 20 世紀，科學家發現性別由男性性染色體決定的機制，才稍微卸掉了女性肩上的包袱。當然，這也是我們高中生物課就學過的知識了。女性的性染色體為 XX，而男性的為 XY。在男性精原細胞減數分裂的過程，XY 染色體就會彼此分開。這樣就產生了兩種類型的生殖細胞（精子），每種中含有原來同源染色體的一半，要麼是 X，要麼是 Y。而女性的性染色體為 XX，產生的卵子中就只攜帶 X 染色體。當攜帶 Y 型性染色體的精子（以下簡稱「Y 型精子」）與卵細胞結合，後代即為男孩；攜帶 X 型性染色體的精子（以下簡稱「X 型精子」型）與卵細胞結合，後代則為女孩。而 X 型精子和 Y 型精子的數量相等，受精概率基本上各為 50%。所以只要上過高中的都清楚，「生不出男孩都是女人肚子不爭氣」的說法，從來都

是無稽之談。

只是這個知識點，看起來雖讓女性遠離了被「有理有據」地指責，但換個角度斟酌，「精子性染色體 X 為女，Y 為男」並不代表著「男性決定了嬰兒的性別」。還有另一個的荒謬說法。相傳男性的 X 型精子更耐酸，鹼性環境則更利於 Y 型精子，而女性陰道環境的酸鹼度，可以影響精子活性，達到篩選精子類型的作用。

這個觀點看似有理有據，實際上卻令人困惑。據此，民間誕生了無數偏方。想要生男孩的人，會想盡一切辦法來創造有利於 Y 型精子的環境，以增加 Y 型精子受精的概率。例如女性在「造人」前，會選擇用鹼性液體，如蘇打水等沖洗陰道，以為這樣就可以降低 X 型精子的活性，提高 Y 型精子的受精率。而為了讓自己變成「鹼性體質」，不少女性還會在備孕期間猛喝檸檬水、蘇打水、吃熱乾麵等鹼性食物。前段時間在某電商平臺上的「鹼孕寶」，更是明目張膽地叫賣圖利。暫且不說觸及性別歧視的底線，事實上所謂的「酸鹼體質」本身就是個偽命題。因為醫學上根本不存在「酸性體質」和「鹼性體質」的說法。而喝鹼性飲料、吃鹼性食物等，頂多能改變尿液的酸鹼度。

正常情況下，女性陰道環境的 pH 酸鹼度為 3.8 到 4.4。這個弱酸性環境可以有效地抑制有害菌生長。所以用鹼性溶液沖洗陰道，不但不能提高 Y 型精子的受精概率，還有可能讓自己患上陰道炎。此外，「X 型精子抗酸、Y 型精子抗鹼」的說法，也同樣是站不住腳的。早在 20 世紀 70 年代，就有科學家研究過這個問題了。有研究員曾用酸性和鹼性兩種溶液對人類

精子又洗又泡，但是沒有發現 X 型精子和 Y 型精子活力的明顯區別，而且經不同酸鹼度溶液處理的兔子精子，在人工授精後，出生的兔子在性別上也沒有顯著變化。

所以這類偏方總結起來就是三個字——不可信。

事實上，決定小孩性別的真正原因，可能遠比人類想像得複雜。我們常把生男生女認為是在擲硬幣，正反兩面都各占一半機率出現。但這可能也只是個表面現象。有許多實際的統計結果，讓人類學家們也感到十分疑惑。事實上就全世界而言，新生兒的男女比例從來都不是對半開的。這已經是自 17 世紀以來，人們就意識到的問題了。每 100 個女孩出生的同時，世界上就會增加 106 個男孩。雖然這個比例大約等於一比一，但男孩的出生率總是要比女孩要高那麼點，男女的出生率處於一種不嚴格對等的狀態。

一般認為男女性別比例超過 108：100，或低於 102：100 為該地區有針對性別的胎兒選擇，如重男輕女或重女輕男等。雖然 106：100 偏差已經不小，但在生活中，男嬰多於女嬰其實又顯得尤為必要。原因就在於，相對女性來說，男性的死亡率會更高。在全球範圍內，女性的平均年齡約為 71.1 歲，而男性只有 67 歲。首先，男性自身的問題就不少，如免疫系統脆弱、膽固醇高、心臟問題多、癌症高發等。而男性從事的職業，也有更高的傷亡率。

成年男性在凶殺、意外事故中喪命的比例也遠遠高於女性。例如截至 2006 年，美國成年非老年男性在凶殺案中被謀殺的可能性，就是女性的 3 到 6 倍，而在事故中喪生的可能性則是女性的 2.5 到 3.5 倍。

許多人類學家推測，這種微妙的性別不平衡可能屬於自然選擇的結果。男嬰的高出生率其實是對男性高死亡率的一種補償。或許「胎兒的性別完全是隨機的」，也只是對了一半。在不同的環境中，性別的比例可能還由一些更複雜的機制掌控著。只是這麼多年來都難有人解釋，是什麼造成了這種生男生女的機率偏差。此外，還有一些研究顯示，胎兒的性別比例還受母親在孕期的生活條件影響。如社會地位較高的富裕父母會有更多的兒子。相比之下，那些生活貧困、飽受生活之苦的媽媽們則較多地誕下女嬰。「飽生男，餓生女」也是這麼流傳開的。

　　有人提出，正是這些不利條件的高壓，會提高產婦的睪酮水平。而現在我們已經知道，較高水平的睪酮，確實與孕婦流產風險的增加呈正相關。如果男性胎兒天生比女性胎兒要弱，那麼他們就很可能會受到不同程度的影響。事實上，研究也證明了接觸破壞內分泌系統的物質，如有毒人造汙染物等，就會導致女孩的出生率增加。所以有理由相信，在壓倒性的壓力環境面前，女性更容易生女胎。

　　而有一項研究卻顯示，這種自然調控之力可能比想像中的還要深刻。因為造成這不平衡的男女比例，可能更早地始於受孕的那一刻。美國淡水塘研究所（Fresh Pond Institute）的生物學家史蒂文・奧紮克與同行們，就專門深入研究了這個問題。

　　他們收集了婦幼醫療機構的 14 萬份胚胎資訊和接近 90 萬份羊膜腔穿刺檢查樣本，以及 3000 萬份墮胎、流產和活產的記錄（這些資料來自美國和加拿大等地）。

　　這也是有史以來，類似研究規模最龐大的資料組成。但奇

怪的是，從報告上來看，研究人員並沒有發現受孕時男女胚胎間的差別。這個比例是平衡的，嚴格地遵循 50% 的男性和 50% 的女性比例。所以由此可見，造成出生時傾斜的性別比，必然發生在懷孕期間。而根據進一步的深入研究分析，研究人員也發現了在懷孕的第一週，男性胚胎的死亡數量更多。造成這種結果的原因可能是嚴重的染色體畸形。

其次，懷孕第六月到第九月期間，男胎的死亡率又會再次升高。而其餘時間，則是女胎的死亡率稍高。把這些綜合起來，就會得出懷孕期間女性胎兒的死亡率超過男性嬰兒的結果。最後的結果就是，出生的男嬰數量會超過女嬰。所以之前不少人認為的，透過「養尊處優」能夠增加懷男胎的概率，可能是錯的。或許環境壓力等因素，只能在大尺度上篩選男女胎，從而造成男女性別比的偏差。對個人而言，沒有證據證明其具有普遍參考意義。

與之相似的，還有另一個研究。該研究顯示，女性生男孩的可能性會隨著孕前收縮壓的升高而逐漸上升。在收縮壓達到 123mmHg 的情況下，生男孩的概率為生女孩的 1.5 倍。但是同樣的，我們目前尚不清楚血壓到底是怎麼影響後代性別比的。而諸如此類的研究，給出的也都是相關性調查結果，並不能表因果。也就是說，沒有證據證明孕前提高血壓可以增加生男孩的概率。

其實，想靠這些小訣竅來「轉胎」成功往往是得不償失的。例如在備孕期間隨意改變血壓、飲食或打破激素平衡等，都會讓孕婦和胎兒承擔著極大的健康風險。一些服用「轉胎藥」、「生子方」死亡或致畸的案例，大家也都聽說過。這些

偏方，常打著「神藥」的名號，實際卻是大劑量激素，無論是孕前還是孕中都絕對使不得。一般胎兒的性器官分化是在懷孕的前三個月。如果「轉胎藥」中含有大量的雄激素，將會導致女嬰男性化或者女性假兩性畸形。這也就是人們常說的「陰陽人」，外表看可能會讓人覺得是男孩，但孩子的基因並沒有改變。可能確實會有許多因素能影響孩子的性別，只是這眾多因素錯綜交雜，難分難解。所以才有人說，生男生女的問題到目前為止還是個未解之謎。

不留情面地說，現階段所有生子祕方都是個騙局，更像是蚍蜉撼大樹。在隨機事件面前，誰都沒有辦法扮演上帝，操控結果。只是無論強調了多少遍，「性別歧視」的思想毒瘤不根除，就必然會有人上當受害。

參考資料：

◎ BOELAERT K.Why Are More Boys Born Than Girls?:Live Science[EB/OL]. [2011-09-09].https://www.livescience.com/33491-male-female-sex-ratio.html.

◎ Human sex ratio: Wikipedia[DB/OL]. [2020-07-13]. https://en.wikipedia.org/wiki/Human_ sex_ratio.

◎ DNA. 生男生女，靠酸鹼：科學松鼠會 [EB/OL]. [2009-10-10]. https://songshuhui.net/ archives/15519.

第十四章

兩百年的近親婚配史：締造了生產線般的網紅錐子臉，還終結了整個王朝

　　對亂倫的系統性規避，是自然選擇固化的結果。畢竟有性生殖的主要目的，就是在種群內製造更多的遺傳變異，以抵禦各種病原體的侵襲。而近親的相交，顯然是與之相悖的。由於越近親之間的基因相似度也越高，有害隱性基因的純合就更容易出現。這樣的結合，換來的便是可怕的遺傳疾病，也就是所謂的「近親退化」。但由於社會一直有亂倫忌諱，想要觀察到人類近交退化的現象其實並不容易。

　　不過不容易，也不代表著沒有。

　　在歷史上，王室貴族就是遺傳學家最愛研究的一群人。在他們身上，我們能見識到不少千奇百怪的遺傳病。其中最經典的，當屬哈布斯堡家族的「大下巴」。本該繼續稱霸歐洲，但短短兩百年的近親婚配史，就使這整個王朝覆滅。他們以血淚教訓、以生命揭示了這麼一個科學常識——近親婚配真的要不得。

　　他們最明顯的面部特徵，就是向外突出的畸形大下巴。因為下頜外凸，他們的牙齒不能對齊合上，甚至有的還無法閉嘴。這也就是我們常說的「戽斗臉」和「鞋拔子臉」。曾經有一個西班牙農民，在初次見到西班牙國王查理五世時，就被嚇

了一跳。他情不自禁地喊道：「陛下，您快把嘴閉上吧，村裡的蒼蠅可凶了！」

其實下頜前突的毛病，在普通人群中的發病率也高達 2% 到 3%（有嚴重程度之分）。也就是說，一百個人中大約就有兩到三個下頜前突。但「悲慘」的是，由於哈布斯堡家族的下巴特徵是如此明顯，以致於就連醫生都將這種下頜前突的臉孔，直接稱為「哈布斯堡下巴」。

而且哈布斯堡家族的外貌特徵，還不止大下巴這一個。厚且外翻的雙脣、鷹鉤加駝峰的大鼻子、下垂的眼瞼、扁平的面部等特徵，都能讓外人一眼看出。所以少女們時常幻想的俊美歐洲王子，有可能就是這種面孔。

那究竟是誰的加入造就了整個王室的奇特相貌？

目前可以非常明確地查到的、最早的哈布斯堡下巴來自腓特烈三世。他是哈布斯堡家族的奧地利大公爵歐尼斯特和公主馬佐夫舍的辛姆伯格（屬於馬佐夫舍家族）的後代。一部分歷史學家認為哈布斯堡的下巴，最早可追溯至 1412 年嫁入哈布斯堡家族的公主身上。但根據其流傳下來的畫像，爭議還是頗大的。因為從馬佐夫舍的辛姆伯格的照片上看來，其下巴又小又短，有可能只是個「代罪羔羊」。

所以有的歷史學家認為，反倒是其丈夫歐尼斯特的曾祖父阿爾布雷希特一世早早就顯露出大下巴的雛形了。換句話說，這奇異的大下巴，或許就來自哈布斯堡家更早的祖傳染色體。不過在王室貴族裡，長得難看點兒，倒也不是什麼大問題。

那時，哈布斯堡家族就對自己的下巴頗感自豪，因為這正是血統純正的證明。而為了保證「肥水不流外人田」，哈布斯

堡家族決定實行近親婚配。雖然整個家族是延續了那所謂「權力的象徵」——哈布斯堡下巴，但他們的身體體質也被拖垮了。

　　哈布斯堡家族迅速衰落，嬰兒死亡率（在 1 歲內死亡，不計流產和死胎）和兒童死亡率（在 10 歲前死亡）迅速攀升。高達 80% 的死亡率（當時西班牙農村的平均死亡率為 20%），使王室人數銳減。從菲力浦一世起，只經過 7 代人到卡洛斯二世時，這個王朝就已經絕後了。卡洛斯二世的後繼無人，也直接導致了西班牙哈布斯堡王朝的覆滅。這時，就算下巴再大都無力回天了。

　　也所幸卡洛斯二世沒有誕下後代，因為他的一生就是在無盡的痛苦中度過的。作為哈布斯堡王朝最後的子嗣，從理論上來講，遺傳性疾病在他身上是最嚴重的。他不只是表兄妹婚育的後代，此前，他的長輩（前 6 代）已經發生過 9 次亂倫。從出生那一刻起，他就沒過上一天舒坦日子。正常的孩子長到 2 歲時，就已經是能說會唱、連蹦帶跑的「混世魔王」了。但卡洛斯二世直到 4 歲都還未學會走路，且到 8 歲才學會說話。不過，就算他學會了講話也沒幾個人能聽得懂。因為他的舌頭生來就異常腫大，能夠塞滿整個口腔。他一開口說話，唾液就止不住地往下流，完全沒有一絲君王的威風。又因下巴和下顎嚴重突出，他的上下牙幾乎無法接觸，連日常咀嚼食物都成了難題。他一生都受消化不良的影響，還經常抽搐痙攣。艱難地被養育長大的查理斯二世，還未享受幾年青春就步入了「老年期」。才 30 歲他就老態龍鍾，大腿、雙腳、腹部和臉部都浮腫起來。此外，骨質疏鬆、肌肉無力、駝背、血尿症等也折磨

著他。在去世前的幾年，他幾乎無法站立。

儘管滿身缺陷，但為了延續哈布斯堡王朝最後的血脈，他還是使了渾身解數。他結過兩次婚，卻始終沒有子嗣，38 歲就抱憾而終。其中一任妻子就曾透露，卡洛斯二世有著嚴重的早洩問題。這種種原因也使卡洛斯二世獲得了一個綽號「被施魔法者」（El Hechizado）。當時的人們就認為，他生理和心理上的疾病均拜巫術所賜。但他們哪裡知道，這個施魔法的巫師就是嵌在卡洛斯二世體內的基因。

據最新的研究結果顯示，卡洛斯二世生前至少受兩種遺傳疾病的折磨，由兩個相互分離的隱性基因控制：

一是聯合性垂體激素缺乏症，這影響了他的生長發育；

二是遠端型腎小管酸中毒，新陳代謝的紊亂導致了他的陽痿、早洩與不育等問題。

這兩種遺傳病的聯合，可以解釋卡洛斯二世身上複雜的臨床特徵。

此外，研究者對哈布斯堡家族的 3000 名後代做出的研究表明：哈布斯堡王朝的創建者菲力浦一世的近交係數[*]為 0.025，這就意味著他 2.5% 的基因可能與長輩一樣。

但在短短 200 年（7 代人）以後，哈布斯堡王朝的近交係數就激增了 10 倍。到卡洛斯二世時，他的近交係數就已高達

---

[*] 近交係數的概念最初由塞沃爾‧格林賴特提出時是作為結合的配子間遺傳性的相關而賦予定義的，後來才由瑪律科特（1948）給予了廣泛的定義。近交的遺傳效應可以用近交係數 F 來表示，即一個個體從某一祖先得到純合的，而且遺傳上等同的基因的機率。其中父女（母子）和同胞兄妹的近交係數 F 為 0.25、舅甥女（姑侄）為 0.125、表兄妹為 0.0625。

0.254。換句話說，這 0.254 的近交係數已超過同胞兄妹亂倫產生後代的平均值了。

最值得玩味的是，哈布斯堡王朝的最初壯大，竟也源自婚姻。

事實上，在 1273 年魯道夫‧馮‧哈布斯堡當選德意志國王之前，這個家族在歷史上都是默默無聞的。幸運的是，他有六個可愛又迷人的女兒。在中世紀，聯姻可是擴充實力必不可少的途徑。而魯道夫則將此法運用得爐火純青，他的六個女兒都許配給了各國的帝侯或名門望族。所以身為名副其實的「國民岳父」，魯道夫也從過去的默默無聞一躍成了國王。

「仗讓別人去打，你結婚去吧！戰神瑪律斯給別人的東西，愛神維納斯也可以給你。」這就是哈布斯堡的家訓。

從 1273 年起，其家族成員就曾出任過神聖羅馬帝國國王、皇帝，奧地利公爵、大公，匈牙利國王，波希米亞國王，西班牙國王，葡萄牙國王，墨西哥皇帝等。可能深知政治婚姻的重要性，為了使自家的完美血統更純正，哈布斯堡家族開展了漫長的近親聯姻。

而由於多代近親聯姻，哈布斯堡也成了歷史上第一個因近親繁殖而覆滅的王朝。正所謂成也婚姻，敗也婚姻。

參考資料：

◎ ALVAREZ G, CEBALLOS F C， QUINTEIRO C. The Role of Inbreeding in the Extinction of a European[J],Plosone，2009，4（4）：5174.

第十五章
絕地求生：大眩暈
——遊戲背後原始的現代病

　　如果想要讓一種病症成為社會關注的焦點，那最好的辦法就是將它捧為所謂的「現代病」。癌症、糖尿病、痛風這些常被人們以「現代」標榜的疾病確實在近幾十年裡呈現爆發式增長。可但凡對這些疾病有所瞭解就一定知道它們非但不現代甚至非常古老，只不過是在現代較高的發病率和確診率讓它們顯得很像「新生兒」而已。還有一類流行於社交網路的年輕人專屬病症，諸如選擇困難症、密集恐懼症、只發作給別人看的強迫症，以及不標榜自己有病不舒服症。

　　這堆眼花繚亂的病症中藏著一個真正可以稱作「現代」的症狀。

　　不知道有多少人有過這樣的經歷。忙碌了一段日子終於閒了下來，想起不久前幾位好友都極力推薦過的一款射擊類遊戲。趁著難得的閒暇，終於有機會安裝遊戲消遣一番。一切就緒，拉上了好友們一起進入遊戲打算戰個痛快。可正當你在語音軟體裡高亢呼喊之時，突然感到一陣強烈的不適猛烈襲來。

　　頭暈目眩，噁心反胃，你躺在床上兩個小時才緩了過來，彷彿在地獄走了一遭。這樣恐怖的經歷不得不讓人懷疑是不是身體出了毛病。

其實大可不必擔心，這種症狀是一種特殊的眩暈症，一般也稱作「3D 眩暈症」。「3D 眩暈症」通常在玩擬真的立體空間遊戲時出現，是名副其實的由現代科技所引發的症狀。大多數第一人稱視角的遊戲都能引起眩暈症發作，但受到多種因素的影響，程度有所不同。其原因是大腦無法找到現實與虛擬的界限，迷失在快速運動的視覺與靜止的身體的矛盾之中。

用通俗的話語來解釋，眼睛接受了來自顯示器上逼真的運動畫面，欺騙我們的大腦產生了沉浸式體驗。這時自律神經 *綜合身體各部位的狀態，發現只有視覺系統傳達了正在運動的資訊，而諸如平衡感受器、肢體肌肉等參與運動的器官或部位傳達的卻還是靜止的資訊。

面對這種全新的奇怪體驗，我們的身體自然無法理解，因為上百萬年前的野外生活不存在也沒見過這樣的情況。以石器時代的標準判斷，這可能是中毒了，身體就會發出催吐的訊號。於是無法擺脫天旋地轉的你就產生了噁心嘔吐的衝動。

嘔吐作為一種十分奏效的保護機制，也許拯救過無數條性命。從這點來看，出現 3D 眩暈症狀的玩家們並非身體有什麼疾患，反而是擁有某種強大的生存優勢。每當談起 3D 眩暈症就會聯想到另外一類出現年代稍早一點兒的症狀——暈車或暈船。暈車的症狀與 3D 眩暈症狀非常相似，但原理上又恰好相反。與玩遊戲的情況不同，發生暈車時，我們的眼睛往往並沒有接受充足的運動資訊，但感受器卻對車輛的運動瞭若指掌，二者互相衝突。顯然，這個負責感受運動的感受器正是導致各

---

* 自律神經系統無意識地調節身體機能。

種眩暈症的關鍵，它藏在耳朵的深處被稱作耳前庭，是身體傳達給肢體所有感官的重要中繼站，也是最重要的平衡感受器。

我們用的智慧手機之所以智慧，不僅僅體現在先進的作業系統上，集成的眾多感測器也是不能忽視的條件。像其中的陀螺儀，它能讓智慧手機感知自身在空間中的姿態變化，提供了一種全新的對話模式。而耳前庭充當的正是人體的陀螺儀。其中名為半規管的結構最為精妙，它由三個充滿淋巴液的半圓管組成。當頭部發生轉動時，由於慣性內淋巴維持原來靜置的狀態，擠壓管內的毛細胞，從而感知到角加速度的變化。而這三個半圓管兩兩互成直角，覆蓋了整個空間。

同樣的，另外兩個結構──橢圓囊和球囊以相似的原理感受直線加速度的變化。正是因為這樣精妙的結構存在，我們才能不依靠視覺單獨感知運動。即使是坐在車裡玩手機，我們的身體也能清楚的感覺到車輛每一次轉向、加速和急 。暈車時，耳前庭和眼睛的矛盾無法調和，於是身體又以為你中毒了，立馬提高了警惕。隨著飄來夾雜著機油味的汽車廢氣，中毒的判斷已成定論，一陣強烈的嘔吐欲襲來，完成了暈車最華麗的收尾。實際上，無論是「暈 3D」也好暈車也罷，在瞭解透徹其機理之後，解決的辦法自然就浮出水面。

總的來說緩解的辦法可以分為兩大派系，沉浸派和抵抗派。

沉浸派認為，想要消除多種知覺的衝突，應該有意識地主動沉浸讓身體認為真的在運動。例如在玩 3D 遊戲時，主動跟隨視角略微轉動身體，甚至連抖腿都能適當緩解不適；對暈車而言則是選擇視野開闊的位置打開車窗，風和運動的景物能最

大限度地讓身體相信的確在運動。

而抵抗派則完全相反，想盡方法讓身體認為感受到的只是虛幻。像將遊戲畫面縮小、不時注視顯示器外的靜止物體、保持房間光線充足都是把身體拉回現實的方法。不過這種理念對暈車沒有什麼好的解決方法，一般只有閉眼睡覺這種逃避的方案。當然，還有一群依賴藥物的受害者自成一派。服用暈車藥立竿見影，的確能迅速緩解噁心嘔吐的症狀，不失為一種方便的選擇。不同成分的藥物有不同的作用，暈車藥分止吐、鎮靜，以及阻斷中樞反應幾種。

但千萬不要以為暈車藥能解決一切眩暈的問題，讓你的抗眩暈能力飛升至飛行員一般的水準。日本一位小哥就想靠暈車藥在原地轉圈走直線的遊戲中作弊，沒想到卻發現了有趣的事情。準備階段，他吃下了 3 顆暈車藥（是安全範圍內最大的劑量），靜等半小時藥效漸起便信心滿滿地開始了遊戲。他頭抵著棒球棒一口氣轉了 50 圈，絲毫沒有任何眩暈的感覺，便徑直向前衝去，但結果他還是摔得不輕。事後小哥表示這個暈車藥的效果確實不錯，讓他體驗到了沒有眩暈感的平地摔。

可以發現，暈車藥抑制的僅僅是眩暈帶來的種種不適反應，並不能讓人真正適應那樣的運動狀態，是典型的治標不治本。另一個重要的原因是半規管在經歷長時間的單向旋轉後需要近 30 秒才能恢復正常狀態。無論是誰都無法在這旋轉停止後立刻找回平衡，這是由生理結構決定的。如果靠暈車藥就能解決一切眩暈問題，那飛行員們沒日沒夜地進行抗眩暈訓練豈不是虛度光陰？

不過，飛行員的例子也給我們對付眩暈提供了新的方

向——提高閾值[*]。實際上對於「暈 3D」或者暈船暈車這樣的非病變眩暈，人與人之間的差別只是閾值的高低。只要夠猛烈誰都會吐，只是有的忍耐力驚人，有的弱不禁風。

　　想要免疫各種眩暈，那就多多受苦吧。進化遠遠趕不上科技的變化，但我們卻可以選擇用腦子來對抗原始。當你經歷過從想到汽車、聞到汽油味就忍不住吐出來，到坐著大巴士過五連髮夾彎還能淡然自若地玩射擊遊戲的蛻變，一定會更加懂得吃得苦中苦方為人上人的真諦。

參考資料：

◎ 于海玲, 劉清明. 成人骨半規管的觀察和測量 [J]. 青島醫藥衛生 ,2003,(03):169-171.

◎ 沈雙. 內耳前庭半規管平衡機制生物力學模型研究 [D]. 大連：大連理工大學 ,2013.

◎ 王鴻藻. 暈船車用藥選擇 [J]. 中國城鄉企業衛生 ,1990,(03):39-40.

◎ 彭麗君, 余漢華. 抗暈動症藥物藥理研究進展 [J]. 中國醫院藥學雜誌 ,2004,(02):47-48.

---

* 　閾值即是臨界值，在生物學上代表某個能引起個體發生反應的最小刺激，也可以通俗地理解為敏感程度。

第十六章
X 光脱毛、試鞋、選美，
那些玩 X 光的勇士最後都怎樣了？

　　在商人們建起的保健品帝國裡，任何帶有高科技屬性的產品都能輕易地爬上「鄙視鏈」的頂端，奇葩產品我們已經見得太多了。對於新興且複雜的技術，消費者們盲目追捧的習慣其實從來就沒有改變過，令人感到迷惑的產品層出不窮，西方世界同樣半斤八兩，甚至可以算是我們的「老前輩」。

　　百年前，X 射線和放射性物質被發現，許多令人匪夷所思的放射性產品應運而生。自從倫琴對世界公布了第一張由 X 射線拍攝的手部照片，人類對這種神祕射線的熱情從未減退過，倫琴也因此打開新世界大門，獲得了第一屆的諾貝爾物理學獎，而 X 射線在之後的一個世紀裡共催生了多達 25 項獲諾貝爾獎的研究。

　　然而，最早的一批 X 射線設備不全是給科學家們研究用的，還有相當一部分是來自民間的發明創造，比如 X 射線脫毛。

　　時至今日，脫毛仍然是困擾無數女性的難題，對天生多毛的歐美女性更是如此。在 X 射線被發現之前，唯一的永久脫毛方法是電擊。這種方法用導電針頭深入毛孔，釋放電能破壞毛囊，過程緩慢又痛苦。

早在 X 射線被發現的第二年，美國範德比爾特大學的達德利博士就使用它給一名頭部中彈的孩子檢查彈片位置。這個為科學獻身的孩子的頭部被 X 射線照射了 1 個小時，被照射的頭髮也完全脫落。後來，關於毛髮脫落的報告越來越多，一位研究者發現 X 射線可能是個除毛的好方法，他花了 12 天，共計 20 小時的照射時間，成功除掉了一位大漢濃密的背部汗毛，X 射線脫毛法自此誕生。一些來自中東或有地中海血統的女士面部的汗毛比較重，尤其是脣毛又黑又密，她們就成了第一批勇於嘗試的人。

　　由於輻射劑量過大，早期的 X 射線脫毛設備可能會引起皮膚的急性反應，比如灼傷、皮膚增厚等。這引起了醫學界的批評。阿爾伯特・蓋瑟就是反對者之一。不過沒多久，他反手就研製了一種改良 X 射線管，號稱安全無害。在 20 世紀 20 年代，他作為醫療總監加入了一家新公司特瑞克（Tricho），這家公司推出了一套 X 射線脫毛系統，並培訓沒有醫療背景的員工在美容院上班操作。

　　實際上，所謂的新型 X 射線脫毛法是換湯不換藥，很多接受脫毛治療的女士開始出現面部浮腫、角質層變厚等症狀。在此起彼伏的抵抗聲中，Tricho 公司破產了，但它留下的恐怖後果才開始顯現。

　　到了 20 世紀 40 年代，許多曾經接受過 X 射線脫毛的女士開始患上皮膚癌，陸續去世。有研究統計，截至 1970 年，因皮膚癌去世的女性中約有 1/3 曾接受過 X 射線的「治療」，從首次暴露在 X 射線下到罹患癌症的平均時間為 21 年。因為這些愛美女性的症狀與廣島核爆炸倖存者的症狀頗為相似，醫學

上也稱之為「北美廣島少女症候群」。

除了專攻愛美女士，早年的 X 射線還有一些「老少鹹宜」的應用，比如 X 射線試鞋機。這種發明最早出現在 20 世紀 20 年代的鞋店裡，結構並不複雜，木質外殼中內置 X 射線管，使用者把穿著鞋子的腳放進指定的區域內，透過上方的透鏡就能觀察到鞋子的合腳程度。由於形式獨特，X 射線試鞋機幾乎成為鞋店必備，深得小朋友們的喜愛。在 20 世紀 50 年代最巔峰的時期，全美至少有 10000 台 X 射線試鞋機，但與其說它是一種輔助試穿的工具，不如說它就是鞋店的一種行銷工具，畢竟鞋合不合腳，腳最清楚，跟看起來如何沒有關係。

X 射線試鞋機不僅傷害了試鞋者，也傷害了在試鞋機旁邊的人。由於木質的機器外殼對 X 射線幾乎沒有遮罩作用，所以只要在機器旁邊就會受到二手輻射。此後，孩子腳部骨骼發育不良的病例報告越來越多。X 射線試鞋機也就在罵聲中被禁用了。同樣的，它留下的傷害多年後仍然存在，到了 20 世紀 70 年代，足癌在中老年人中的發病率開始升高，原因不言而喻。

X 射線在民間的應用遠比我們想像的更多、更深入，一些選美比賽也趕上了這股使用 X 射線的浪潮。在 20 世紀 50 年代和 60 年代，X 射線成了選美比賽中證明「內在美」的重要工具，除了美貌、身材、個性，選手還需要在 X 射線下擺出絕對平衡的姿勢來展示自己完美的脊柱。參賽選手的 X 射線脊柱照片得分甚至能夠占到最終評分的 50%。這種畸形的選美比賽也吸引了很多整脊醫生和健康床墊的支持和贊助，反倒沒人關心這些年輕少女們的健康。用不健康來宣傳健康，仔細想想還真

是諷刺。

　　看到這裡，你或許會認為當年盲目追捧 X 射線的普通百姓是最大的受害者。實際上，在第一時間就投入到 X 射線研究中的科學家和醫生們才是最大的受害者，他們的遭遇在一百年後的今天仍然令人觸目驚心。勳伯格是德國的第一位 X 射線專家。考慮到德國是最早研究 X 射線的國家之一，他至少也是世界上最早一批精通 X 射線的人。勳伯格對 X 射線的研究是狂熱的，他不僅自己研究 X 射線，還創辦了《X 射線新進展》（*Deutschen Röntgengesells chaft*）期刊、撰寫了 X 射線的教科書，鼓勵大家一起來研究。

　　然而，勳伯格和眾人一樣，幾乎完全對 X 射線不設防。在 1908 年，X 射線發現後的第 13 年，勳伯格的雙手由於長期暴露在 X 射線下，罹患皮膚癌，被截去了整條左臂和右手的中指。13 年後，勳伯格去世，享年 56 歲。無獨有偶，同樣來自德國的吉賽爾和好朋友沃克霍夫突發奇想，在牙科手術前用 X 射線對病人先行診斷，第一次將 X 射線引入了牙科手術中。吉賽爾的命運同樣悲慘，毫無意外地死於過度接觸 X 射線引發的癌症。在倫琴的故鄉，有一位名叫克勞斯的 X 射線專家，他的左手因被 X 射線過度照射也癌變了。他將自己癌變的手完整地截下保存在倫琴博物館內，斷手為戒，警醒後人不要盲目投身未知的領域。

　　1896 年，發現 X 射線的消息剛傳到美國，發明大王愛迪生就嗅到了其中的商機，用窮舉法試驗了超過 1800 種化學物質，終於找到了一種比氰亞鉑酸鋇更好的 X 射線螢光材料——鎢酸鈣，他還製作出了風靡世界的方錐型頭戴觀察儀。不過，

隨著對 X 射線研究的深入，愛迪生漸漸地感覺自己的左眼出現了異常，身體總是莫名其妙地出現不適。冥冥中，他感覺到了危機，於是將 X 射線管的預熱工作交給了最得力的助手達利。所謂預熱，其實也就是把手放在 X 射線源和螢光屏之間，等到手部的骨頭清晰可見的時候就算預熱好了。

達利預熱 X 射線管的工作幹了幾年，手部和臉部就出現了損傷，後來截去了整個左臂和右手四根手指，僅剩下一根手指用來操作儀器，再後來他永遠失去了胳膊。達利做了 8 年預熱 X 射線管的工作便失去了生命，年僅 39 歲，成為美國第一個為 X 射線獻身的勇士。同樣受害的還有那些外科醫生，美國整形外科學會主席率先使用 X 射線做手術，被讚譽為「最巧的手用最好的機器做最棒的活兒」。結果不出兩年，人就駕鶴西去了。

據一些書籍記載，為研討 X 射線而成立的倫琴學會，在 1920 年舉辦了一次晚宴。晚宴上，大多數人看著面前香噴噴的烤雞落下了悲傷的淚水，甚至指責主辦方用烤雞羞辱了他們作為一名 X 射線專家的尊嚴。因為參加宴會的 X 射線專家裡，能夠用雙手靈活吃烤雞的人寥寥無幾。在當時，一雙健全的手在業界或許代表著不專業。

最後不得不提的是 X 射線的發現者倫琴，他在獲得了諾貝爾物理學獎後就隱退了，只是偶爾發聲反對以自己的名字命名 X 射線，又拒絕受封成為貴族，一直活到了 78 歲。

參考資料：

◎ ANDERSON E S.10 Ways Our Ancestors Killed Themselves In The Name Of Fashion: ListVerse[EB/OL]. [2015-11-11].https://listverse. com/2015/11/11/10-ways-our-ancestors-killed-themselves-in-the-name- of-fashion/.

◎ SANSARE K, KHANNA V, KARJODKAR F.Early victims of X-rays: a tribute and current perception [J].Dento maxilla fac Radiol, 2011 Feb, 40(2): 123–125.

◎ ROSEN I B,WALFISH P G.Sequelae of radiation facial epilation (North American Hiroshima maiden syndrome) [J]. Surgery,1989,106(6):946-950.

◎ Limer E. The Insane Cancer Machines That Used to Live in Shoe Stores Everywhere: Gizmodo[EB/OL]. [2013-07-15]. https://www.gizmodo.com. au/2013/07/the- insane-cancer-machines-that-used-to-live-in-shoe-stores-everywhere.

◎ Lavine M. The Early Clinical X-Ray in the United States: Patient Experiences and Public Perceptions[J].Journal of the History of Medicine and Allied Sciences.2012，67(4):587–625.

第四篇——古怪的心理

聊聊心裡那點事兒

第一章
凶殺現場 37 人旁觀卻見死不救，
不是人性扭曲而是媒體作假作惡

　　如果你在路上恰好目睹了一樁奸殺案，你會怎麼做？是衝上去與凶手搏鬥，躲起來悄悄打電話報警，還是明哲保身匆忙繞路走？

　　50 多年前，美國就發生了這樣一件慘案。不只是做案手法殘忍，更有 37 位旁觀者冷漠地視而不見。這起案件當時瞬間點燃人們對人性冷漠的憤慨。於是社會心理學家據此得出了著名的「旁觀者效應」。

　　美國的 911 國家緊急電話也是在這起案件的推動下才誕生的。

　　然而，近半個世紀後，人們才發現這起案件原來是假新聞。

　　凱蒂・吉諾維斯是一家酒吧的經理。1964 年 3 月 13 日凌晨 3 點左右，她和往常一樣下班回家。如此稀鬆平常的一天，放在時間的長河裡不會激起一點兒水花。但這一天對吉諾維斯來說，卻是難以想像的噩夢。還有大約 100 步就能回家，然後癱倒在舒服的軟床上。然而這 100 步不是吉諾維斯與家的距離，而是生與死的距離。空氣中彌漫著危險的氣息，一個尾隨者突然撲向吉諾維斯。吉諾維斯撒腿就跑，卻跑不過對方手中

的獵刀。吉諾維斯忍受著劇烈的疼痛一邊逃跑，一邊哭著呼喊救命。在這場實力懸殊的對決中，吉諾維斯的反抗逐漸失效。凶手對她實施了殘暴的性侵，拿走她身上的現金逃走了。倒在血泊中的吉諾維斯，絕望地等待著不知道是否存在的救援。

凶手的殺人手法極其殘忍。整個過程持續了大約 30 分鐘，直到 3 點 50 分，警察局才接到了一通報警電話。4 點 15 分，一輛救護車到達現場。而吉諾維斯卻在送往醫院的途中離開了人世。

6 天後，警方在調查一起搶劫案時攔截了一輛車。在這輛車的後備廂裡，他們發現了一台可疑的電視機。經查證，這人做案幾十起，是個不折不扣的盜竊犯。不僅如此，警方還從這個盜竊犯身上得到了意外收穫。警方發現他駕駛的白色雪佛蘭轎車與 6 天前在凶殺案現場目擊者描述的車型一致。而這個盜竊犯手上一個不尋常的傷口結痂，也引起了警方的懷疑。經過深入調查發現，這正是殺害吉諾維斯的凶手——溫斯特·莫斯利。這起搶劫案意外地讓警方抓到了凶手。

29 歲的凶手莫斯利其實並不認識吉諾維斯。6 天前的那個晚上，莫斯利在家睡不著覺，才到外面開車兜風。當發現深夜獨自一人的吉諾維斯時，有戀屍癖的莫斯利才起了殺心。他還承認在吉諾維斯之前，也以同樣的手法殺害和性侵了兩名女性。不光如此，他還犯下幾十起入室盜竊案。

在當時那個不安定的社會裡，這甚至算不上一起轟動的案件。警方關注凶手犯罪情節，媒體卻對案件背後的人性進行了深度挖掘。在一位新聞嗅覺敏銳的記者看來，這起案件實在是不尋常。

吉諾維斯當時已經進入了住宅區，撕心裂肺的呼救難道沒有吵醒附近居民嗎？結果他發現，不僅有居民透過家裡的窗戶看到了這樁慘案，可怕的是他們對此完全視若無睹。安倍・羅森塔爾是《紐約時報》（*The New York Times*）的一位編輯。他一直密切關注著這起案件的進展。凶手的人性之惡並沒有讓他感到太驚訝，反而另外一個小細節引起了他的關注。他從負責此案的紐約市警察局局長口中得知，案發當時附近的目擊者多達37人。

　　這個細節讓羅森塔爾渾身起了雞皮疙瘩。37雙眼睛注視著弱小的吉諾維斯慘遭欺凌、殺害，卻沒有給予任何救援。

　　羅森塔爾順著這個思路，越想越覺得毛骨悚然。他認為，旁觀者的人性冷漠才是造成吉諾維斯悲劇的真正原因。在他看來，這起案件的「凶手」不止一個。這群冷漠的旁觀者對吉諾維斯造成的傷害一點兒也不比凶手小。

　　於是他洋洋灑灑地寫了一篇文章，詳細描述這起案件以及37雙注視死亡的眼，全文充斥著對旁觀者見死不救的行為的批判與憤慨。這篇文章刊載於《紐約時報》的頭版。《紐約時報》在全美一向擁有廣泛的讀者。讀者們的情緒顯然被文章所渲染的氛圍調動了起來。於是這起事件逐漸擴散、發酵，在美國引發了不小的震動。而人們討論的焦點自然也是對案件中旁觀者心理的揣測。

　　隨著報導的進一步傳播，痛斥冷漠旁觀者的輿論風暴席捲全美。這起事件也引發了社會心理學家對旁觀者心理的研究。比布・拉泰和約翰・達利兩人由此提出了著名的「旁觀者效應」——當有兩個或兩個以上的人在場時，個體會傾向於不對

受害者提供幫助。

他們據此還開展了一場實驗。

參與者分為獨處和處在群體中兩種情況，他們同樣見證了一位女士遇害的場景。獨處的參與者中有 70% 選擇打電話求助，而群體中的參與者只有 40% 提供幫助。實驗結果顯示，旁觀者效應不僅存在，而且在場人數越多，人們會越傾向於不提供幫助。而美國當局也反省，當時不完善的法制體系也是這一案件的一大誘因。如今全美國通用的 911 國家緊急報警電話，也在吉諾維斯案發生 4 年後推出使用。不僅如此，美國還公布了一部《見義勇為法》。這部法律專門用來規範旁觀群眾的行為，鼓勵旁觀群眾在暴行面前給予救援。數十年過去了，吉諾維斯案也本該塵埃落定。

可誰又能想到，在 30 多年後，案件竟然發生了意想不到的驚天轉折。原來飽受罵名的 37 位旁觀者根本不存在，當時現場的目擊者也只有兩、三人。而當年發表在《紐約時報》上的那篇文章也被扣上「假新聞」的帽子。

被埋藏了多年的真相，怎麼突然一覽無遺地暴露在大眾面前呢？揭開這場誤會面紗的主力是吉諾維斯的弟弟，比爾·吉諾維斯。

在案件發生時，比爾才十幾歲。幾年後，他參加了越南戰爭。在戰場上，比爾保住了性命，卻失去了雙腿。比爾如今已年過半百，但他對於姐姐的死仍然耿耿於懷。為什麼這 37 位旁觀者沒有對姐姐伸出援手？既然自己的人生已經落到這個地步，他覺得是時候弄清楚姐姐死亡的真相了。於是他到處走訪，盡量找回那 37 位旁觀者，聽聽他們的說辭。畢竟時隔多

年，大多數目擊者可能都已經不在人世。比爾首先找到了姐姐生前的好友蘇菲・法拉。

年邁的蘇菲口述還原當時她所知道的場景。當她看到吉諾維斯被襲擊時，她第一時間安撫好當時 12 歲的孩子。然後十萬火急地從家裡衝出來，跑到吉諾維斯身邊。但是當時凶手已經逃跑，吉諾維斯也已經奄奄一息。這幅畫面顯然與多年前的文章內容有明顯的出入。蘇菲的證詞與新聞報導之間有差異，到底應該相信哪一方？比爾繼續展開調查，終於發現了當中的問題。原來曾經傳遍全國的那篇文章，是一篇假新聞。

其中最關鍵的「37 名旁觀者」的資訊，就是嚴重的謬誤。他找到當時撰寫那篇文章的記者，瞭解具體情況。然而他卻驚訝地發現，這個數字只是記者聽警察局局長在飯桌上隨口說出的。按照警方的記錄，真正目睹了案件的目擊者只有寥寥幾人。而且目擊者並不都像文章中描述的那樣，冷漠地在旁觀望。當時大多數人已經熟睡，對外面的慘案一無所知。但凡知道吉諾維斯正在受害的人，多少都做出了力所能及的救援舉措。其中只有一位，確實出於恐懼，沒有立即拿起電話報警，而是爬牆溜到鄰居家裡，打了報警電話。

由於寫旁觀者漠視或許更能吸引讀者，於是記者對文章內容做出了虛假的調整。他締造了根本不存在的目擊者對當時場景的描述，打造出冷漠的旁觀者形象。而對於施予救援的旁觀者，卻幾乎是選擇性地忽略。片面的新聞報導把輿論引至錯誤的深淵。遲來的真相總算撥開了烏雲。比爾釋然了，那些目擊者並沒有想像中的那麼不堪，而有失嚴謹的新聞報導錯誤地給人性銬上了一道冰冷的枷鎖。

儘管從某種意義上說，吉諾維斯案為美國社會帶來了一定的正面影響，這個假新聞在人群中的傳播產生了某些積極的反響，但這頂多算是一場幸運的巧合，並不能因此讚揚假新聞。媒體的報導一旦出現偏差則會錯誤地引導輿論方向，所以新聞報導一定要真實，符合客觀實際。

參考資料：

◎ Murder of Kitty Genovese: Wikipedia[DB/OL]. [2020-07-09]. https://en.wikipedia.org/wiki/Murder_of_Kitty_Genovese.

◎ MCFADDEN R D, MOSELEY W. WhoKilled Kitty Genovese, Dies in Prison at 81: The New York Times[EB/OL]. [2016-04-04]. https://www.nytimes.com/2016/04/05/nyregion/winston-moseley-81-killer-of-kitty-genovese-dies-in-prison.html.

第二章
甩不掉的「魔音」，
人類的本質是一台複讀機？

　　幾乎所有人，都有過被某段音樂「洗腦」的經歷。而隨著短片越來越熱門，這些「穿腦」的旋律更是讓人欲罷不能。

　　就算你不看短片，甚至徹底「戒網」，那些喜歡音樂外放的朋友，也時時刻刻給你強行科普。廣場、超市、百貨商場、地鐵，隨處充斥的「魔音」根本沒有人能擺脫。

　　即便逃離了現場，但魔音已經牢牢地印在你的腦海裡，就等待一個機會爆發了。於是，當你開始認真學習、工作、吃飯、散步、洗澡、睡覺，這段旋律就會冷不防地入侵，並在你腦內不斷重複，簡直是魔音繞耳、煩不勝煩。

　　那這揮之不去的魔音，到底從哪裡來？其實，是你耳朵裡長了耳蟲（Earworm）。

　　別怕，此蟲非彼蟲。「耳蟲」一詞最早源於德語中的「Ohrwurm」，指的是記憶中突然彈出，並且不斷重複的一段聲音。而作為一種記憶，這段音訊可以是一段小曲，是經典遊戲《超級瑪利歐》的背景音樂，甚至可以是一聲奇怪的叫賣。

　　而在學術界，耳蟲則有個更正式的名稱，叫作「不自主的音樂想像」（involuntary musical imagery，簡稱 INMI）。從字面意思就可以看出，這屬於一種非自願記憶，我們根本無法自己

操控。這有點兒類似於神遊和做白日夢，你無緣無故地就想起了某件事或某個人。

其實，這條在你腦子裡鑽來鑽去的「耳蟲」，也可以用認知瘙癢（Cognitive itch）的理論來解釋。

想像一下，你的手臂被蚊子叮腫了，是不是很想撓？但千萬別衝動，因為你一旦開始給自己撓癢癢，就會陷入越撓越癢、越癢越想撓的無限惡性循環。

是的，「耳蟲效應」也具有同樣的性質。我們越是用意志力克服，想讓自己不去想它，它就越難以消除。因為當你試圖不去想一件事情時，你就已經在反復檢查自己是否在想著它了，而這反而會讓人陷入無限循環。

耳蟲，可以說是人皆有之。一項以 12000 人為樣本的調查就顯示：99% 以上的人偶爾會遭到耳蟲入侵；還有 92% 的人，每週就至少有一次耳蟲入侵。

但這種被音樂「洗腦」的現象也存在著較大的個體差異，與一些人格特質相關。例如，平時更容易犯強迫症，又或者更神經質的人群，也更容易被耳蟲入侵。而相對來說，女性被耳蟲困擾的週期往往更長更持久。

另外，對音樂更為敏感，或受過音樂訓練的人群，耳蟲效應也來得更加頻繁、明顯，也更難消除。

所以說，對一些音樂人而言，這種「魔音」穿腦的困擾比對普通人也要大得多。因為如果腦內一直迴旋著一段自己不想聽的音樂，那將影響到他們的正常工作。

例如，在幾百年前，莫札特的孩子就已經懂得利用耳蟲來入侵莫札特的大腦了。他們會在樓下彈奏某段旋律，以激怒樓

上的莫札特。而莫札特很快就會忍受不了衝下樓，將這段旋律編寫成曲。

流行歌曲千千萬，總有一首能讓你難以忘記。正因為這種感覺是相通的，才誕生了無數的「神曲」。那麼，要如何打造一首讓人瘋狂長耳蟲的歌曲？

事情當然沒那麼簡單，如果我們能準確地找到具體方法，那許多流行曲作家就都得失業了。不過，這類歌曲倒也有一些共同特徵。

1. 節奏更快的歌曲，比節奏更慢的歌曲更容易讓人長耳蟲。

2. 有歌詞的音樂，比沒歌詞的音樂更容易「洗腦」。據統計，73.7% 的耳蟲都是有歌詞的。

3. 歌詞較簡單，重複樂句較多就越容易「洗腦」。

4. 音符較長且音程較短，更有利於記憶與傳唱也就更容易「洗腦」。

5. 簡單的旋律模式，在反復的小節中先升調再降調。例如我們最熟悉的「一閃一閃，亮晶晶」。

6. 意想不到的衝擊力也很重要。在相似的音樂結構中，「洗腦」歌曲往往會加入一些不尋常的旋律。

此外，耳蟲的長度一般為 15 到 30 秒，而這與一些影片平臺的策略不謀而合。在社群媒體發達的今日，這類短平快的病毒式音樂，早已殺出了一條血路。

而廣告行業，更是將耳蟲效應運用到了爐火純青的地步。對商家來說，他們巴不得自己的產品和品牌在消費者腦海中永遠迴盪。

所以，很多廣告內容本身，就自帶觸發耳蟲的屬性。結構簡單且大量重複的關鍵字，讓人想忘都忘不了。

　　而在未來，已經嘗到甜頭的商家也只會加大力度製造耳蟲。大家應該也能明顯感到，這些「洗腦」神曲更新換代的速度是越來越快了。

　　幸好，一般來說耳蟲是無害的。有相當一部分的人甚至覺得，耳蟲能讓他們感到輕鬆和愉悅。只是更多時候，不斷重複的旋律也會讓人產生焦慮和煩躁的情緒，特別是在一些關鍵時刻，陰魂不散的耳蟲是真的要把人逼瘋。

　　那麼，有什麼有效的「驅蟲」方法嗎？根據過去的研究，研究員也給出了一些理論上可行的方法。

1. 正面對抗。有一派科學家認為，耳蟲之所以會產生，是因為你沒能把歌聽完，或者沒能把歌記下來。

   事實上，耳蟲都是高度碎片化的，一般會卡在某句或某幾句重複歌詞上。我們記憶未完成或被打斷的任務，會比記憶完成的任務記得更加牢靠。這在心理學上也被稱為「蔡格尼效應」（Zeigornik effect）。

   所以說，這種腦內循環的碎片化音樂記憶，壽命也更長更頑固。這時，你只需要靜下心來，掏出耳機把整首歌聽完，或許就能暫時擺脫耳蟲了。

2. 分散注意力。大腦認知能力是有限的。這也就是俗話說的，一心不能二用。如果我們透過另外一些活動，啟動了與耳蟲產生相關的工作記憶元件，魔音就會被驅趕出大腦。

   與耳蟲相關的工作記憶元件，叫作語音循環

（Phonological loop），包括短期語音存儲和發音循環。
你與人交談、看電視節目、聽歌、唱歌，甚至是背元
素週期表和圓周率時，都會占用到該工作記憶元件，
耳蟲自然也得靠邊站。

不過，在這裡不建議你聽另一首「洗腦」的歌，因為
這可能會讓你從單曲循環，變成列表循環。

3. 咀嚼口香糖。有研究顯示，咀嚼口香糖不但能幫你緩
解耳蟲效應，甚至還能讓你暫時不去回想那些你不願
意回憶的惡語。

這同樣涉及阻斷耳蟲產生的工作記憶。只是，與看電
視、聽歌、背單詞相比，嚼口香糖要省事得多。咀嚼
的動作會用到嘴巴、舌頭、牙齒等發聲器官，這些能
產生語言的器官動起來，就能有效抑制大腦的聲音記
憶與循環。所以說，別在背課文時嚼口香糖，容易忘
記內容。

4. 給自己一個強度適中的認知任務。例如想想這週的日
程，早上吃什麼、中午吃什麼、晚上吃什麼等。

但需要注意的是，這個認知任務不能太簡單也不能太
難。當事情太過簡單，例如刷牙、洗臉、洗澡、走路、
騎車時耳蟲是最容易乘虛而入的。但當事情太難時，
效果可能也不好。例如讓你思考人生的終極意義等太
深太廣、且無法獲得及時回饋的難題，反而會適得其
反。

另外，劍橋大學的研究人員，也設計出了一個行之有
效的耳蟲驅散法。那就是以每秒一次的速度，在大腦

中生成亂數，注意數字不能重複出現。

5. 讓耳蟲再飛一會兒。這種放任自流的做法，剛好與前面幾種積極的應對方法相反。從耳蟲的認知瘙癢理論可知，我們幾乎無法靠意識去克服某種意識的產生，因為這會讓自己陷入越克制越忍不住去想它的困局。

倘若耳蟲來勢洶洶，我們在想方設法地消除它們，但很多人在採取措施後還會去檢驗這種方法到底有沒有效果。這樣做的後果是，耳蟲很可能就捲土重來了。所以此時，想阻止一種意識產生的最有效方法，就是不採取任何積極的應對方法，什麼都別幹。

參考資料：

◎ Earworm: Wikipedia[DB/OL]. [2020-05-24]. https://en.wikipedia.org/wiki/Earworm.

◎ FARRUGIA N, JAKUBOWSKI K, CUSACK R, Stewart L. Tunes stuck in your brain: The frequency and affective evaluation of involuntary musical imagery correlate with cortical structure.[J]Consciousness and Cognition,2015,35:66-77.

◎ PAPPAS S, Why Do Songs Get Stuck in Your Head?: Live Science[EB/OL]. [2017-03-05]. https://www.livescience.com/58120-why-songs-get-stuck-in-head. html.

◎ BROWN H. How Do You Solve a Problem Like an Earworm?. Scientific American[EB/OL]. [2015-09-01] https://www.scientificamerican.com/article/how-do-you-solve-a-problem-like-an-earworm/.

◎ BEAMAN P, POWELL K, RAPLEY E. Want to Block Earworms From Conscious Awareness? B(u)y Gum!.[J] The Quarterly Journal of Experimental Psychology,2015.

第三章
他揭開了迷信的心理機制，
卻無法破除自己被傳虐童的謠言迷信

　　不可否認，斷章取義是現代人容易犯的通病。人們往往在尚未瞭解事實前，就被情緒牽引著做出立場。即便最後真相並非人們所想，大眾的看法也難以徹底扭轉。至今仍有人堅信史金納（20 世紀最具有影響力的心理學家）將親生女兒虐待至死便是典型的例子。這個天大的誤會來自 1945 年史金納發表在《婦女家庭》（*The Ladies' Home Journal*）雜誌的一篇報導。大概是為了引人注意，這篇文章被命名為「箱子裡的孩子」，並且附上了配圖。不少人一看到文章題目和圖片，就立刻聯想到他是在拿自己的親生女兒做人體實驗。

　　無獨有偶，史金納還將這項發明命名為「子女控制機」。有人便想當然地認為這是冷冰冰的箱子，孩子在裡面長大勢必會身心受到摧殘。不知什麼原因，一則關於史金納拿女兒做實驗，女兒長大後患上精神病並自殺身亡的流言在街頭巷尾傳開了。之後，輿論如千斤重的巨石壓在這位頗負盛名的心理學家身上，差點兒使史金納身敗名裂。

　　但事實上，那個箱子裡的女兒成長過程很順利，還成了倫敦街頭的藝術家。為了幫父親澄清，她不得不一再地在各種場合露面，證明自己活得很好。在那篇被人們誤解的文章裡，史金納

其實是在向廣大父母分享自己的育兒經驗。出於方便照顧孩子的目的，他和妻子才設置了這麼一個嬰兒箱。相應地，他們也從未想過要拿小孩進行實驗。與人們所想像的冷冰冰的箱子不同，史金納的這個嬰兒箱和普通的嬰兒床區別並不大。為了讓女兒健康成長，他們還在裡面額外設置了溫度調節器，吊上許多玩具。這樣一來，當他們無暇照顧女兒時，女兒也可以自己玩耍。至於史金納的女兒，則從小到大都十分敬愛自己的父親。

可謠言一旦形成之後，就很難被消滅了。

即便他的女兒一再出面發文澄清，但很多人以她的「死亡」為由，拼命譴責史金納。幾乎每隔一段時間聲討史金納的文章以及他女兒的「死訊」就會再次出現。這令史金納的女兒十分憤怒。畢竟明明還在這世上活得好好的，誰樂意整天被人說死了。

不過，史金納本人對人們的做法倒也習以為常。他深知人們一旦對謠言信以為真後，便不會在乎真相究竟是什麼了。除了熱衷於輕信謠言之外，人們還常常迷信他人。我們知道縱使科學再進步，總會存在一些愚昧迷信的人。他們會盲目相信某個所謂「大神」的話。明明一眼就看出是兩件毫無相關的事情，偏偏要硬扯在一起。

那麼，為什麼人類會如此熱衷於迷信和盲從呢？史金納也早就注意到了這個問題，並用一系列實驗揭開了迷信產生的核心機制。不過在講述這個機制前，還得先瞭解家喻戶曉的史金納箱以及老鼠實驗。過去，人們一直認為動物與生俱來的本能是無法改變的。巴夫洛夫流口水的狗，就顛覆了這一傳統觀念。他用實驗證實了動物的本能行為其實具有很高的可塑性。史金納心想，既然本能行為能控制的話，那有意識的非本能行

為能否被控制？要是有這種可能的話，迷信是否與此有關呢？

　　為了解答這些問題，他打造了這個「史金納箱」。這個箱內設有一個控制桿，只要這個桿子被按壓，就會有食物被投遞進箱子裡。當一隻饑腸轆轆的老鼠無意中碰到控制桿，老鼠便會獲得食物的獎勵。若干次之後，老鼠就學會了有目的性地按壓控制桿來獲取食物。類似地，當給不按控制桿的小鼠電擊，它們也會獲得按壓控制桿的條件反射，以此來逃避電擊的痛苦。透過這個實驗，他成功驗證了動物的非反射行為是可以控制的。

　　值得一提的是，實驗過程中發生了一次美麗的意外：

　　當實驗室的老鼠食物快不夠用了，史金納便臨時改變了箱子的策略。它不再是當老鼠按壓控制桿就給獎勵，而是每一分鐘只給一次獎勵。這也意味著，老鼠可能按一次就能獲得食物，也有可能需要按幾十次才能獲得食物。結果史金納發現這種隨機的獎勵，非但沒有減少老鼠按壓控制桿的次數，反而增加了按壓次數。在後期的既有行為消除過程中，獎勵不規則的情況下需要的時間也更長了。由此可見，隨機的獎勵結果，才能激起最強烈的反應。

　　在這些實驗的基礎上，史金納提出了「操作條件作用」這一概念。在史金納看來，在人和動物的各種行為中，更多的是操作性行為。也就是說，我們哪些行為會持續保持，哪些行為最終會消失，只取決於做出這些行為後得到的是何種強化（獎勵或懲罰）。其中，間歇性的獎勵還能使動物的行為更加持久。這也就是現在我們生活中常用的各種間歇制獎懲制度的原型。比如老虎機，則像極了專門為人類設計的「史金納箱」。

　　有了老鼠實驗的基礎，史金納便想，人相信某些迷信的行

為是否跟某些被強化的刺激存在聯繫，即便這兩者情況毫不相關？於是，史金納將老鼠換成了鴿子，並對實驗進行了改進。這一次，不管鴿子在箱子裡面做什麼，他都設定每隔 15 秒落下食物。換句話說，鴿子每隔 15 秒就能輕而易舉地得到一份獎勵。若干次之後，他發現每隻鴿子居然在進食前會重複出現某種怪異又有規律的行為。史金納在報告中寫道，8 隻鴿子中的 6 隻產生了非常明顯的反應。

「它們有的會拿頭去撞箱子，有的會不斷地仰起腦袋，有的用頭去撞裝置，有的不停地輕啄地面，有的逆時針轉圈，還有的在搖頭。」

要知道，這 6 隻鴿子的行為都是在此前從未被觀測到的。這也反映了這些新的行為和鴿子得到食物其實是沒有任何關係的。可偏偏它們表現得卻更像是認為做出這些行為就會產生食物似的，簡單來說，它們變得「迷信」了。

那麼，如果兩次強化之間的間隔被拉長了，又會發生什麼呢？史金納便選了那隻搖頭的鴿子繼續實驗。史金納特意將食物掉落的間隔時間從 15 秒慢慢擴大到 1 分鐘。結果發現那隻鴿子一直不停地搖頭，像在跳一種怪異的舞蹈。這也就意味，這隻鴿子確實認為毫不相關的搖頭與獲得食物產生了關係。這就好比古人前去拜神下雨。當偶然幾次成功之後，他們便會把拜神與下雨這兩件毫不相關的事聯繫在一起。之後，一到想要求雨的時候，便會去拜神祈福。

那我們要怎樣消除鴿子這種類似迷信的行為呢？史金納想出的方法很簡單，無論它搖多少次頭，都堅決不再給它食物。猜猜看，它會不會放棄這種行為？果不其然，鴿子的熱情

慢慢退卻，類似迷信的行為逐漸消退，最後完全消失。然而可怕的是，這隻「跳舞」的鴿子在這種反應完全消退前，反復試探了一萬多次。可以想像，迷信行為一旦建立之後，要想徹底消除是一件多麼不容易的事。

而關於史金納女兒的謠言，也不是一兩天就能在人們印象中根深蒂固的。早在史金納聲名鵲起時，民間也不乏對他的惡意中傷，聲稱他借著史金納箱虐待小動物等。很自然地，當嬰兒箱的圖片出來之後，人們也很快就迷信他虐待女兒的謠言了。但事實上，史金納是一個好父親。

而他的史金納箱並非拿來虐待動物，而是透過對它們的研究將行為心理學推向了頂峰。他創造的新行為心理學理論，至今仍影響著很多人。要知道，在那個年代，心理學研究尚處在初步發展階段。

一方面，以佛洛伊德為主的精神分析仍處在重要的統治地位。他們對待精神病患者要麼採取「心誠則靈」的方式，要麼不斷地讓患者回憶過去，揭開傷疤。這些主觀臆測的方式幾乎對患者的病情沒有任何幫助。

另一方面，行為主義先驅華生掀起過一場以實驗為基礎的行為心理學革命。但是由於他拿嬰兒做實驗的方式太過激進，很快就遭到人們的譴責和唾棄。眼看心理學走向科學的道路即將覆滅之時，正是史金納的出現挽救了這一局面。他改革了激進的行為主義，創造了自己的操作主義理論，重新將行為主義拉回正軌。

史金納是一個積極的社會實踐家，將自己的理論推廣到生活中的許多方面。首先是矯正精神病人的行為。他提出可以不

斷透過對精神病人的獎勵，改善他們各種不適的行為。這種方法被證明是有效的，至今仍廣泛應用於心理治療領域。與此同時，史金納還將其推廣到教學教育領域。

在史金納箱的基礎上，他設計製造了風靡一時的程式教學機器。使用這種機器的學生，可以按照自己的能力設定適合自己的學習進度；而機器可以及時回饋學習情況，學生可以此調整自己的學習活動。這也是今天電腦教學的雛形。由於他的設計在實踐應用中頗有成效，他在學術界獲得了崇高的聲譽。美國心理學會也先後於 1971 年和 1990 年授予他金質獎章和畢生貢獻獎。

2002 年 6 月，一項心理學界調查將史金納列為 20 世紀最具影響力的心理學家。迄今為止，他的思想仍在心理學研究、教育和心理治療等眾多領域中被廣泛應用。不過，史金納也同樣遭受到廣泛的爭議。出於種種原因，有人對史金納頂禮膜拜，也有人對史金納不屑一顧，但那些僅憑虐待女兒的謠言就將史金納視為惡魔的做法是完全不可取的。

然而現實就是如此，揭開迷信真相的大心理學家，卻無法擺脫人們迷信他虐女的謠言。

參考資料：

◎ Burrhus Frederic Skinner:Wikipedia[DB/OL]. [2020-06-20]. https://en.wikipedia.org/wiki/ B._F._Skinner.

◎ 施耐德 . 瘋狂實驗史 [M]. 許陽 , 譯 . 北京 : 生活·讀書·新知三聯 書店，2009.

◎ 格里格 . 心理學與生活 [M]. 北京 : 人民郵電出版社 ,2003.

第四章
這些心理實驗告訴你，
為何關係不好畢業時還要痛哭一場？

你有沒有經歷過軍訓結束後，大夥對教官依依不捨，哭得不能自已的場面？又或者是在畢業晚宴上，同學們抱頭痛哭，恍如經歷一場生離死別的情景？那一刻，你若是看到某個人無動於衷，可能還會認為對方冷血。可如今，同學大多不再聯繫，也早就忘記了教官長啥樣。仔細回想，你當時之所以會哭可能並不是因為感情深厚，而是因為周圍的人都哭了。如果真是如此，那麼恭喜你，那時的你已經陷入「刻奇」（kitsch，媚俗）的陷阱中去了。

所謂「刻奇」，原義指的是美學範疇的低俗品味，後著名作家米蘭·昆德拉將其引申為人性中軟弱的自我欺騙。它指的是廉價的、不真實的情感體現，目的是感動和討好自己。比如，你哭不是真的傷心，而是因為你認為自己應該要傷心，並透過傷心來取悅自己。「刻奇」過去是指類似於個人的矯情，如今逐漸演變成了集體無意識的情感膨脹。我們在感傷的同時，會把它打造成某種崇高的情感，並借此來「綁架」別人。

比如「今夜我們是XX人」等眾口一詞的表達就是集體「刻奇」的體現。

這一切背後更多的是我們的從眾心理在作怪。

「從眾」幾乎可以被用在我們生活中的各個方面。消費、戀愛、就業、投資，等等都能搭上從眾的順風車。如果你心裡清楚做某件事對自己意義不大，且在你的團體裡做這件事的只有你一個人，那你絕不會去做這件事。比如考某個含金量低的證書、報某個技能培訓班，等等。一旦周圍人都跑去做時，你也下意識跟著去做了。沒錯，從眾現象在生活中無時無刻不在發生，可人類對從眾的認識卻始終停留在雲裡霧裡的狀態。從眾跟生物的進化有何關係？它是一種自主選擇的行為嗎？刻意抵制從眾就不是從眾了嗎？對此，科學家們也在不斷進行著研究，並取得了新的突破。為了更清晰地認識從眾現象，讓我們先來重溫歷史上最經典的從眾研究——阿希實驗（Asch Experiment）。

　　20 世紀 50 年代，美國心理學家所羅門・阿希設計了一項知覺判斷的實驗。他邀請了一群在校大學生充當被試者。實驗的操作非常簡單，他會給被試者兩張畫有分隔號的紙片。要求被試者大聲說出右邊 3 條線段中哪條跟左邊的線段一樣長。顯然，連小學生都能很快看出正確答案。

　　不過，阿希在實驗的過程中耍了點兒小手段。他安排 6 個研究助手和被試者同時參加測試，並重複 18 次。在前兩次測試中，助手們和被試者會給出統一的正確答案。從第 3 次測試開始，這 6 個研究助手便開始從中作梗。他們會故意在被試者回答前說出一個統一的錯誤答案。剩下的 15 次實驗中，助手們會選 11 次實驗上演同樣的戲碼。那麼，想像一下如果面臨這樣的情況，你會怎麼做？是始終堅持自己的判斷，還是說出和其他人同樣的答案？也許你會想，這還用問嗎？肯定是果

斷地選擇前者。接下來的實驗結果卻著實令人大吃一驚。研究發現，有 37% 的人會跟隨大眾說出錯誤的答案。78% 的人至少出現了一次從眾。只有大約 25% 的人能自始至終保持獨立，從未有過一次從眾選擇。

事後進行調查回訪時，不少被試者表示自己清楚答案是錯誤的，但腦袋裡卻會有一種聲音迫使自己要跟其他人一樣。阿希實驗表明，個人容易受到他人決策的影響，就算明知是錯誤的，一個人仍可能做出和多數人一樣的選擇。為了瞭解群體人數對個體從眾的影響，阿希還改變了實驗變數。結果發現當只有一到兩名假被試者時，被試者基本不會受其影響，但一旦有三名或是更多的假被試者時，則會使被試者個人產生一定的從眾傾向。因此，人類生活中無所不在的從眾也就不足為奇了。實際上，不只是人類，動物界從眾行為也並不罕見。比如我們熟知的行動非常統一的魚群。

科學發現，它們一起遊動並不全是為了覓食或調節水溫，更多的不過是隨著大眾而已。因為如果特立獨行的話，就容易置身於危險的境地，甚至喪失性命。類似的例子，還有鳥群、蜂群、蟻群等。從某種意義上說，動物的從眾是出於生存壓力的一種本能行為。

那麼，我們人類又為什麼喜歡從眾呢？一直以來，人們普遍認為從眾主要是群體壓力導致的。當處在一個集體中，做出與眾不同的行為容易招致他人的排擠，甚至是孤立。要知道，很少人能在自己的團隊中長期忍受厭惡而無動於衷。為了得到群體中其他成員的喜歡和認可，我們往往會自主地選擇從眾。此外，從眾還可能是因為群體會提供有用的價值。這也反映了

我們容易受到周圍資訊的暗示，並熱衷於將他人的言行作為行動的參照。值得一提的是，這些人群暗示還可能會以集體妄想的荒誕形式出現，也就是，自發地散播錯誤信念，甚至表現為「群體歇斯底里」。

比如中世紀的歐洲，修道院流傳著「人是由動物所附身」的謠言。於是，一個信以為真的修女某天開始像貓一樣喵喵叫。後來演變成了每天在特定的時間裡所有的修女都像貓一樣叫。更加荒謬的是，當修道院裡的某個修女開始咬她的同伴後，那裡所有修女都開始互相啃咬。之後，啃咬的狂熱還擴散到了其他修道院，實在令人哭笑不得。

又比如說當學校、軍隊等集體場合中，人們紛紛說自己患上了某種疾病。當一個人說自己噁心胸悶時，其他人跟著說自己也出現了類似的症狀，但仔細檢查後，卻沒有任何人發生器質性的病變。無論是修女們學貓叫，還是集體患病，這都是群體性妄想的一種。而這些現象便是由人群暗示引起的，並在行動上進行了模仿。顯然，這些暗示是人的一種不自主行為。

那麼，由人群暗示導致的從眾是否也是一種不自主的選擇呢？

2005年6月，美國精神病學家葛列格里‧伯恩斯發表在《生物精神病學》（*Biological Psychiatry*）的最新論文給了我們肯定的答案。他在阿希實驗的基礎上進行了改進，將判斷分隔號換成了立體物體。與此同時，他們會將被試者放置在功能性磁共振成像（fMRI）機器中，以此來跟蹤被試者大腦的活動變化。實驗時，他也重新上演了阿希實驗同樣的戲碼。群體中的其他人會故意給出錯誤的答案來誤導被試者。果不其然，被試者也

有 41% 的次數與群體所給出的錯誤答案保持一致。

當其他人都說這兩個立體圖形一樣時，被試者該做何選擇？實驗過後，伯恩斯便著手分析大腦活動的變化。如果從眾是自主選擇的話，那麼管理意識決策區域將會發生改變。結果卻顯示，當他們做出從眾選擇時，前腦並無變化，而是右側頂內溝的活動增加了。要知道，那裡正是一個致力於空間知覺意識的區域。也就是說，從眾時大腦沒有進行決策，而是經歷了感知的轉變。就好比他聽到別人說立體形狀是正方體，那麼他的大腦就自動「看到」一個正方體。

那些違背群體做出獨立判斷的被試者，其意識決策區域也沒有發生變化。他們做出抉擇時顯示與情緒邏輯有關的右側杏仁核和尾狀核區域被啟動了。對此，伯恩斯認為他們需要堅持繼續採用邏輯面對強大的壓力。這也是為什麼多數派的答案看上去會比我們自己的看法更有吸引力。不過，如果這種社會壓力非常明顯，人們常常會進行反抗。

這種感覺在生活中也並不陌生。為了維護自己的獨特性，有時我們還會特意尋求與別人迥然不同的觀點。比如當被強制要求做某一件事的時候，我們往往更傾向於反抗。當我們和其他人太不一樣時會感覺不舒服，但一旦我們和周圍的人完全一樣的話，也同樣會產生不適感。這種不適感容易將我們推向另一個極端：只是為了反對而反對。比如對於開頭提到的「刻奇」，當下也有許多人舉起了反刻奇的大旗。但如果這種做法不是出於客觀看法與評價，而是用反對來標榜自己的獨特，那麼，反刻奇其實也是一種「刻奇」。

如果從眾是大腦不自主的選擇，那麼避免從眾也是我們挑

戰本能的表現了。前提是這樣的挑戰還得建立在我們保持獨立
思考的基礎上。

參考資料：

◎ BERNS G S, CHAPPELOW J, IINK C, etal. Neurobiological Correlates
of Social Conformity and Independence During Mental Rotation[J]. biol
psychiatry,.2005,58(3):245-253.

◎ Asch conformity experiments：Wikipedia[DB/OL]. [2020-05-26].https://
en.wikipedia.org/wiki/Asch_conformity_experiments.

◎ 景凱旋 . 關於「刻奇」[J]. 書屋 ,2001,(12):56-60.

◎ 王文捷 . 論 80 後的「刻奇」與反「刻奇」[J]. 天津師範大學學報 (社會
科學版), 2015(04):17-20.

作者後記

　　你好，我是 SME。準確地說，我們是 SME。很多人第一次看到我們的名字都會感到疑惑，SME 是何意思？這三個字母可以有無數種解釋，正如我們每個人接觸科學的無數種理由一樣。在我們這裡，它有一種解釋是 Science Medium Entrepreneurship 的首字母縮寫。非正式的版本，你可以理解是 Science and Me。

　　有的人因為熱衷於技術新穎的產品而開始瞭解科學技術，有的人因為對未知的好奇而開始探索宇宙，有的人因為對脆弱生命的憐惜而開始研究生命科學。但對普通人而言，瞭解科學技術的方式往往是透過媒體以及書籍。

　　我們很早就已經察覺到了這條道路的崎嶇。隨手打開那些入口網站的科技頻道，整個畫面充斥著的是消費電子產品、商業公司新聞、產業行業動態，等等。我們曾思考：這與百年前報紙上的那些商業新聞有多大的差別？細細想來只不過是因為我們所處的時代給這些內容蒙上了一層名為「科技」的包裝紙罷了。

　　就像來到一處完全陌生的古城，初涉科學的我們也並不知道去向何處，也會留戀於商業區眩目的燈紅酒綠，也會錯過深巷裡破敗卻韻味無限的滄桑。我們和很多人一樣在科學的世界裡頭暈目眩，但我們不願意變得迷失。我們想要記下每條走過的路，寫出我們心中最好的科學世界漫遊指南，這也正是「DIZZY IN SCIENCE（醉心在科學）」誕生的初衷。

科幻電影《星際大奇航》（*The Hitchhiker's Guide to the Galaxy*）中，「42」被描述為宇宙的終極答案。恰巧，本書中，我們也精選了 42 個科技背後的故事，希望能給各位讀者的科學漫遊帶來一些幫助。

起初我們寫的最多的是受眾最廣的科學人物類文章，以一個人的視角去講述科學技術的發展，這當中有勵志、有感動、有憤懣、有惋惜，每個人的故事都是獨一無二的，也是從那時候開始我們確信科學與傳記這兩個被認為是枯燥的元素結合在一起，也能產生美妙的反應。人物故事的寫作實際上也帶來了我們對科學史認知的原始積累，在那些光鮮亮麗的科學人物背後，我們逐漸發現了不為人知的一面，例如恐怖黑暗的西方傳統醫學以及為之獻出無數生命的化學研究。我們總是把目光放在那些成功案例上面，忽略了很多科學發展史上被拋棄了的犧牲品，可往往就是這些沒有人歌頌的事蹟反倒能帶來不一樣的感悟。同時我們也逐漸發現那些廣為流傳的常識和說法也存在著許多謬誤。

1924 年，孫中山先生提筆寫下「博學、審問、慎思、明辨、篤行」作為中山大學的校訓。這十個字，正是學習的幾個遞進階段，一切從好奇開始，遇到不明白的就要追問到底，對所學也要保持懷疑態度，經常審視，所學是否能夠真的所用，又是否真的做到「知行合一」。

這也正是本書中每一個故事所要表達的，之中精華，就在這些古今中外的 42 個故事裡細細品味吧。

SME 編委會全體：張晟 蒙斯敏 古億金 孫培儀 田嬌嬌

怪奇人體研究所：42個充滿問號的人體科學故事 / SME 著 .-- 初版 .-- 臺北市：時報文化, 2021.02
288 面；14.8×21 公分 .--（知識叢書；1095）
ISBN 978-957-13-8557-0（平裝）

1. 人體學　2. 通俗作品

397　　　　　　　　　　　　　　　　　　　　　　　　　　　　　　　　　　　109022300

本作品中文繁體版通過成都天鳶文化傳播有限公司代理，經北京時代華語國際傳媒股份有限公司授予時報
文化出版企業股份有限公司獨家發行，非經書面同意，不得以任何形式，任意重製轉載。

ISBN 978-957-13-8557-0

Printed in Taiwan

知識叢書 1095
怪奇人體研究所：42個充滿問號的人體科學故事

作者 SME｜**主編** 李筱婷｜**封面設計** 兒日設計｜**董事長** 趙政岷｜**出版者** 時報文化出版企業股份有限公司　108019 台北市和平西路三段 240 號 7 樓　**發行專線**—（02）2306-6842　**讀者服務專線**—0800-231-705．（02）2304-7103　**讀者服務傳真**—（02）2304-6858　**郵撥**—19344724 時報文化出版公司　**信箱**—10899 臺北華江橋郵局第 99 信箱　**時報悅讀網**—http://www.readingtimes.com.tw　**時報出版愛讀者**—http://www.facebook.com/readingtimes.fans｜**法律顧問** 理律法律事務所　陳長文律師、李念祖律師｜**印刷** 勁達印刷有限公司｜**初版一刷** 2021 年 2 月 26 日｜**初版三刷** 2024 年 6 月 12 日｜**定價** 新台幣 320 元｜版權所有　翻印必究（缺頁或破損的書，請寄回更換）

時報文化出版公司成立於 1975 年，並於 1999 年股票上櫃公開發行，
於 2008 年脫離中時集團非屬旺中，以「尊重智慧與創意的文化事業」為信念。